AQALDOOG
Greenhouse

Ciise Xaaji-Xuseen Axmed

LOOH PRESS
LEICESTER | MOGADISHU
1447/2025

LOOH PRESS LTD.
Copyright © Ciise Xaaji-Xuseen Axmed, 2025
Dhowran © © Ciise Xaaji-Xuseen Axmed, 2025
First Edition, First Print August 2025
Soosaariddii Kowaad, Daabacaaddii Kowaad Ogost, 2025

All rights reserved.
Xuquuqda oo dhammi way dhawrantahay.
Buuggan dhammaantiis ama qayb ka mid ah sina loo ma daabici karo loo mana kaydsan karo elegtaroonig ahaan, makaanig ahaan ama hababka kale oo ay ku jirto sawirid, iyada oo aan oggolaansho laga helin qoraaga. Waa sharci-darro in buuggan la koobbiyeeyo, lagu daabaco degellada internetka, ama loo baahiyo si kasta oo kale, iyada oo aan oggolaansho laga helin qoraaga ama cid si la caddayn karo ugu idman maaraynta xuquuqda.

WAXAA DAABACAY:
Looh Press Ltd.
Leicester, England. UK
Muqdisho, Soomaaliya
W: www.LoohPress.com
E: LoohPress@gmail.com
T: +44 79466 86693
T: +252 61 0743445 / +252 61 8707573

Wixii talo ama falcelin ah ka la xiriir qoraaga:
issehussein82@gmail.com

Tifaftire	: Boodhari Warsame
Galka	: Looh Press
Naqshadeynta	: Kusmin (Looh Press)

Cinwaankan wuxuu ka diiwan geshanyahay Maktabada Birittan
A British Library's Cataloguing-in-Publication (CIP) record for this book is available from the British Library.

ISBN:
9781912411603   Gal Khafiif ah (Paperback)

*Waxaan Ku billaabi
Magaca Eebbe,
Naxariistaha,
Naxariista badan*

TUSMO

HIBAYN xi
MAHADNAG xiii
HORDHAC xv

CUTUBKA KOWAAD 1
1.1 Taariikhda Aqaldoogga 3
1.1.1: Aqaldoogga iyo heerarkiisa farsamo 4
1.1.2: Farsammo Hooseysa (low technology greenhouse) 5
1.1.3: Farsamo dhexdhexaad ah (medium technology greenhouse) 5
1.1.4: Farsammo heer sarreysa (high tecnology greenhouse) 7
1.1.5: Noocyada aqaldoogga 7
1.1.6: Nooca isku taxan (ployethylene film) 9
1.1.7: Qaabka Saqaf-sambuusle (gable roof) 10
1.1.8: Qaabka saqaf-miishaarle (industrial greenhouse - sawtooth shape) 11
1.1.9: Saqaf-muddulle (qounset hut) 12

CUTUBKA LABAAD 15
2.1 Sidee u shaqeeyaa Aqaldoog? 17
2.1.1: Sidee loo dhisaa aqaldoogga 17
2.1.2: Hoosada hawo-qaadashada dhinacyadda ah leh 20
2.1.3: Shabaqa hoosada oo ah nooca sambuusle isku taxan ah (gable roof) 21

- 2.1.4: Kordedka dalagga (croptop structure) 22
- 2.1.5: Habraaca qorshaha dhismaha aqaldoogga 23
- 2.1.6: Qorsheynta iyo naqshadaynta 23

CUTUBKA SADDEXAAD 27
3.1 Saqafka Aqaldoogga Jiingad-caaglaha ah 29

- 3.1.1: Bacda (greenhouse plastic, polyethylene films) 30
- 3.1.2: Albaabbadda iyo Hawo-mareennadda (doors and ventilation) 31
- 3.1.3: Biraha iyo tuubbooyinka lagu dhiso Aqaldoogga 32
- 3.1.4: Aluminium 33

CUTUBKA AFARAAD 35
4.1 Biyo-gelinta iyo waraabka 37

- 4.1.1: Helitaanka biyaha 37
- 4.1.2: Tayada biyaha 38
- 4.1.3: Baahidda biyaha 38
- 4.1.4: Noocyada waraabka iyo ilaha biyaha 39
- 4.1.5: Waraabka dhibicda dhulka hoostiisa la galinayo (sub-surface drip irrigation) 39
- 4.1.6: Qaabeeyaha cadaadiska (pressure regualtor) 40
- 4.1.7: Gooreynta iyo qoyaan-dareeme (automatic timer and moisture sensor) 40
- 4.1.8: Rusheeye kore (overhead sprinklers) 41
- 4.1.9: Waraab hoosaad iyo habka daadka (sub-irrigation EBB and flow system) .. 42
- 4.1.10: Habka waraab-gacmeedka (hand irrigation) 44
- 4.1.11: Talooyin ku saabsan waraabka 46
- 4.1.12: Fayadhowrka Aqaldoogga 48
- 4.1.13: Hawo-mareennada iyo jawiga gudaha (natural ventilation) 48
- 4.1.14: Maaraynta heerkulka 49

CUTUBKA SHANAAD 51
5.1 Meesha iyo aagga ku habboon aqaldoogga (site selection) ... 53

- 5.1.1: Heerkulka Ileyska cadceedda 54
- 5.1.2: Tayada ciidda (soil quality) 54
- 5.1.3: Helitaanka kaabayaasha 55
- 5.1.4: Cimilada ku habboon aqaldoogga 56
- 5.1.5: Dayactirka iyo fayadhowrka aqaldoogga 56
- 5.1.6: Diyaarinta dhulka 60
- 5.1.7: Doorka carrada 61
- 5.1.8: Fayadhowrka iyo xakameyn farsamaysan (mechanical controll) 63

5.1.9: Maareynta cayayaanka ee isku dhafan 64
  5.1.10: Diiri oo qandaci carrada 65

CUTUBKA LIXAAD 73
6.1 Habbraaca daawooyinka lagu buufiyo beeraha 75
  6.1.1: Badbaadadda daawooyinka greenhouse (Greenhouse pesticide safety) 76
  6.1.2: Isticmaalka daawooyinka (pestcides) 76
  6.1.3: Diyaarinta xalka buufinta 77
  6.1.4: Qalabka loo isticmaalo buufinta daawada cayayaanka (anti-pesticides equipment) 78
  6.1.5: Talooyin dheeraad ah ee la-dagaallanka cayayaanka iyo cudurradda 80
  6.1.6: Xannaanada abuurka - biqlinta abuurka (seed tray) 82
  6.1.7: Habraacyo dheeraad ah ee bilowga abuurka (biqlinta abuurka) ..83
  6.1.8: Habka abuuridda dalagga 85

Tixraac 89

HIBAYN

Buuggan waxaan u hibayay marka hore Soomaali oo idil oo ku hawlan wax soo saarka iyo dhul beerka

MAHADNAQ

Waxaa mahad weyn u sugnaatey Eebbe (swt) oo igu toosiyey 4guna baraarujiyey in aan ku dhiirraddo kana miradhaliyo qoriska buugan qiimaha iyo faa'iidada xambaarsan ee aan ku soo koobey cilmi farsamo beereed fudud.

Waxaan kaloo u mahadcelinayaa dhammaan intii igu garab gashay iguna dhiiri-gelisey qorista dhiganahaan oo ay ugu horreeyaan tarjume/tifaftir Boodhari Warsame, Ahmed Carrabey (ShabeeLle bookshop, Gothenburg Sweden). Waxaan kaloo u mahadcelinayaa asxaabteyda qorayaasha ah ee kala ah Biikolo, Dr. Xaashi, Macallin Cabdullaahi Maxamed Ahmed Jowhar, Suleiman Jaamac hussein (Piccolo), Qore (Matte begrepp Somalisk och svenska) iyo Lama huraan sheeko.

Waxaan ku faraxsanahay inaan qalinka u qaato dhiganahaan oo aan ugu talo galay in ay ka faa'iideystaan ummadda Soomaaliyeed ee ku nool gobolka Geeska Afrika iyo adduunka dacalLadiisa kala duwan uguna soo bandhigo tixraax ama manual ay raacaan oo horseeda horumar dhaqaale iyo mid shaqsiyadeedba.

Waxaan ku la dardaarmayaa akhristayaasha sharafta leh in aad ku dhaqantaan buugaan. Waxaan idin kaga mahad celinayaa in uu buuggaan gacantiina soo galay oo aad akhrisanaysaan.

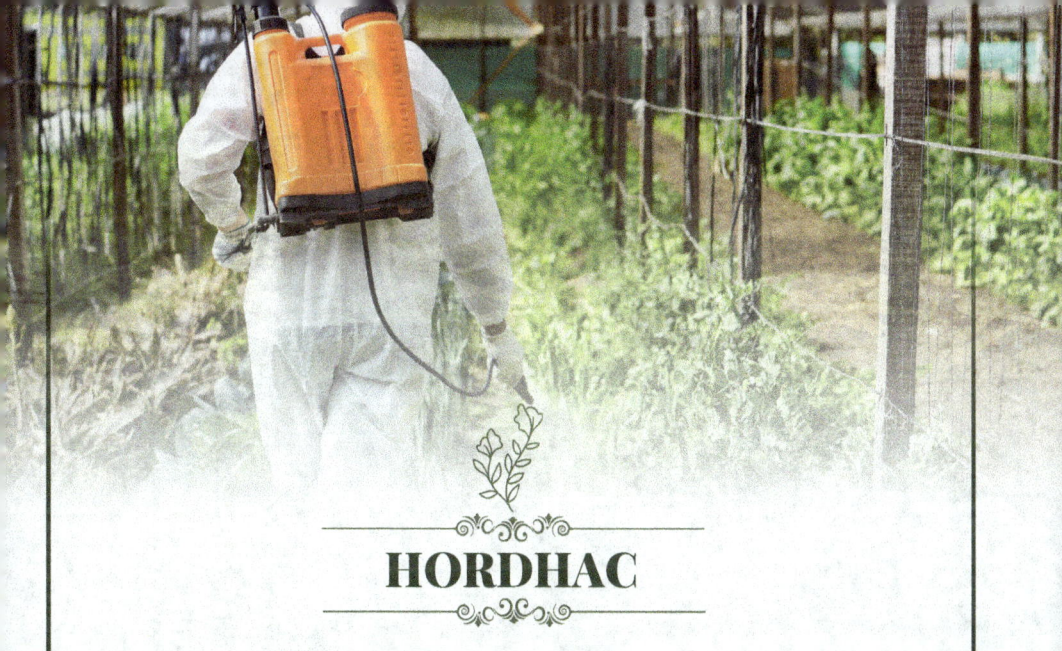

HORDHAC

Buugagan **AQALDOOG** (*Greenhouse*) waa buug si hufan oo fudud u sharraxaya habka Aqaldoogga loo dhiso. Waxaan ku soo bandhigayaa Aqooldoog waxa uu yahay, sida loo adeegsado, sida loo dhiso, qalabka lagu dhiso ee kala duwan, hababka iyo naqshadaha loo dhiso. Waxaad ka baran doontaan habkii aad uga shaqeysan lahaydeen mashruucyada beeraha Aqaldoogga. Waa hab casri ah oo maanta adduunkoo dhan u adeegsado wax-beerashadda casriga ah. Waxaan ku soo bandhigayaa tusaalayaal iyo muuqaallo ku saabsan qalabka iyo agabka kale oo looga baahanyahay mashruucyada beeraha Aqaldoogga.

Buuggu wuxuu kaloo tilmaamayaa hababka kala duwan ee waraabka iyo daryeelka Aqaldoogga iyo beeraha lagu beero.
Ugu dambayn, buuggan waxaad ka daalacan doontiin talooyin ku saabsan fayadhawrka iyo ka-hortagga dhibaatooyinka saameeya dalagyada, sida cayayaanka, xasharaadka iyo waxii la mid ah.
Buuggan ma wayna mana kugu qaadanayo waqti badan e wuxuu kuu soo koobayaa habkii aad ku bilaabi lahayd ugana shaqeysan lahayd mashruucayadaada beeraha Aqaldoogga (greenhouse) lagu beero.

Cüse Xaaji-Xuseen Axmed
Gottanbuurg, Iswiidhan
Ogost, 2025

AQALDOOG Greenhouse — Ciise Xaaji Xuseen Axmed

CUTUBKA
KOWAAD

1.1 TAARIIKHDA AQALDOOGGA

Aqaldoog ama Greenhouse waxaa dunida qaarkeed loo isticmaalaa meel wax lagu beerto wuxuuna caan ka yahay waddamo fara badan kuna aflaxay ku-beeridda guriga aqaldoogga. Waxaa badanaa lagu beeraa qudaarta, ubaxyada iyo dhirta daawadda (herp plants) wuxuuna soo bilowmay qarnigii 13-aad. Waa hab wax ka tari jirey kobcinta miro nafaqeed iyo dhirta daawada ama dhirta dhaqameed.

Wuxuu dunida ku fiday ka dib markii ay adeegsadeen jaamacadaha iyo shaybaarraddu, si ay ugu horumariyaan cilmibaaristooda. Waayahan dambe koboca tignoolijiyada waxsoosaarka beeraha ayaa ka dhigtey aqaldoogga wax qof walba u sahlan uuna samayn karo.

Aqaldoogga dedan waxaa uu suuragaliyaa dhowr faa'iido, sida ay sheegaan xeeldheerayaal ku takhasusey cilmiga beeraha. Waxaa ka mid ah kororka wax-soosaarka. Wuxuu kor u qaadaa waxsoosaarka oo dhul kooban ayaa lagu beeri karaa dhowr boqol oo geed. Waxsoosaarku wuxuu soconayaa sanaddka oo dhan oo ma lahan xilli cayiman oo u qaybsamo jilaal, dayr iyo xagaa midna.

Wuxuu ku hayaa cimillada jawi ku habboon dalagga iyo heerkul ama heer qabow isu dheellitiran, waayo aqalka dedan wuxuu dhimayaa jawiga ama cimilada wuuna isu dheellitirayaa jawiga. Cimilo isu dheellitiran waxay anfacaysaa ama loogu talagalay dalag yada, taasoo sababta waxsoosaar tiro iyo tayo leh.

Aqldooggu wuxuu ka hor tagaa oo yareeyaa saamaynta iyo weerarka cayayaanka iyo cudurrada ku dhaca dalagyada iyo dhirta kala duwan, xayawaanadda sidoo kale soo weerara dalagyada ee sababta in ay xumaadaan ama qallalaan dalagyadu. Wuxuu saddexjibbaar ka badanyahay dalagyada lagu beero dhulka furan (open field).

Waxaa kaloo loo isticmaali karaa aqaldoogga qaabab kale oo waxbeerasho oo ay ka mid yihiin aquaponic farming iyo hydroponic farming oo laga hirgelin karo aqaldoogga gudihiisa.

Haddeynu u soo noqonno dalagyada kala duwan ee ku habboon aqaldoogga, waxay kala yihiin khudaarta badanaa jecel diirranaanta iyo kulka. Heerkulkaas oo isu dheellitiran ayaa wax weyn u ah qudaarta noocyadeeda kala duwan, sida yaanyada, qajaarka, dabacaseeyaha, barbarooniga, iyo basbaaska noocyadiisa kala duwan.

Aqaldoogga ayaa u sahlaya beeralayda in ay si wanaagsan uga faa'iidaystaan cadceedda. Xataa qaabka ugu yar ee aan kuleylka lahayn ayaa u oggolaanaya beeralayda in ay kor dhiyaan xilliyada oo ay soo saaraan dalagyo wana agsan oo kala duwan.

1.1.1: Aqaldoogga iyo heerarkiisa farsamo

Heerarka iyo farsamooyinka kala duwan ee aqaldooggu waa maalgashi ku salaysan teknoolijadda cusub ee casrigan la isticmaalo, taasoo khuseysa waxsoosaarka beeraha. Mar kasta oo ay sarreyso technoolijiyaddu waxaa sii badanaya suuragalnimadda in la gaaro waxsoosaar tayo sare leh iyo awood waxsoosaar oo hufan oo hadaf ganacsi leh. Hadabba, xulashadda iyo dookhaaga ku salaysan awooddaada maalgashi ayaa kuu doori doonta heerka iyo farsamadda ku habboon higsigaaga.

1.1.2: Farsammo Hooseysa (low technology greenhouse)

Noocaan farsamadiisu hooseyso ee aqaldoogga ayaa leh waxsoosaar la taaban karo oo xaddidan, maadaama farsamadiisa teknolojiyadeed ay hooseyso. Qeybo badan oo caalamka ka mid ah ayaa laga isticmaalaa noocaan farsamadiisu hooseyso. Noocaan ka ma badna dherer ahaan 3 mitir wadarta guud waana sida dusmo oo kale mana lahan darbiyo taagan. Wuxuu leeyahay hawo xumo, qaabdhismeedkiisa iyo qarashkiisuba waa raqiis qiime ahaan, waxaana sahlan in si fududu loo dhiso, waana farsamo gacmeed.

In kastoo noocaan farsamadiisu hooseyso, wuxuu leeyahay faa'iidooyin xaddidan oo aasaasi u ah waxsoosaarka dalagga, sababtoo ah awoodda iyo tayadda dalagga ayaa adag oo aan si fudud loo maareyn kareyn, waxaana xaddidadaya qalabka iyo baaxadda waxsoosaar ee uu leeyahay (capacity of yield).

Cilladda uu leeyahay noocaan ayaa ah in ay adkaato maareynta cayayaanka iyo cudurrada waxyeelleeya dalagga (pest and disease control) waxana lagamamaarmaan ah isticmaalka daawooyinka lagu la diriro cayayaanka iyo cudurradda waxyeelleeya dalagga (chemical spray). Waxaa loo baahanyahay in la isticmaalo daawooyin dabiici ah (organic) oo aan dhibaato dheeraad ah u keeneyn deegaanka guud ahaan, gaar ahaanna caafimaadqabka iyo dalagga iyo inta la halmaasha.

1.1.3: Farsamo dhexdhexaad ah (medium technology greenhouse)

Noocaan farsamadiisu dhexdhexaadka tahay ayaa xoogaa ka tayo wanaagsan noocii farsamadiisu hooseysey ee aan darbiyada lahayn, cayayaanka iyo cudurradda ku dhaca dalaggana aan iska difaaci kareynin, balse noocaan farsamadiisu dhexdhexaadka tahay (medium technology) ayaa ka duwan xagga qiimaha iyo waxsoosaarka marka loo barbardhigo noocaa kale. Wuxuu leeyahay darbiyo toosan (vertical walls) cabbir ahaanna ka badan 2 mitir kana yar 4 mitir, isugaynna ka yar 5,5 mitir. Waxaa cabbirkiisa lagu saleeyaa hadba qorshaha horey loo dejiyey ee ku saabsan baaxadda dhulka iyo nooca khudaarta lagu beeri doono, sababtoo ah khudaarta ama dhirta ayaa qaarkood dhererkoodu gaari karaa ilaa 6-8 mitir. Wuxuu leeyahay hawo-qaad xagga saqafka iyo darbiyada dhinacyada ahba (automatic/manual ventilation), qaab farsamo gacmeed oo loo furo hawada saqafka iyo dhinacyadaba si hawo nadiif ah u soo gasho xilliyada la doonayo in la dhimmo heerkulka uu u baahanyahay aqaldooggan.

Noocaan farsamadiisu dhexdhexaadka tahay waxaa lagu daboolaa hal ama labo dahaar (film or glass). Waa dedka la isticmaalayo noociisa, gaar ahaan marka laga hirgelinayo dhulka qabow. Hase ahaatee, dhulka kuleylaha ah (hot climate regions) loo ma baahna laba ded. Noocaan wuxuu aad uga waxsoosaar sarreeyaa xagga waxsoosaarka fayadhowrka deegaanka iyo hadaf ganacsi intaba noocii aan kor ku soo xusney iyo waliba wax ku beeridda dhulka furan (open air field farming). Wuxuu dhaqaaleeyaa isticmaalka biyaha, soo koobidda dhulka oo u baahan meysid dhul ballaaran, dalag tayo leh, ka-maarmidda isticmaalka daawooyinka kiimikadda ah iyo ka hortagga cudurradda waxyeelleeya dalagga.

Noocaan waxaa lagu isticmaali karaa hab-beeridda loo yaqaan Hydroponic, ayadoo hadafku yahay waxsoosaar caaqibo leh iyo ganacsiba.

Suuragal ka ma ahan noocaan in loo isticmaalo horticulture oo tusaale ahaan ah in lagu beero dalagyada qaarkood, sida sonkorta iyo gallaydda, weyna adagtahay in lagu najaxo mashruucaas, sabatoo ah dalagyadaan waxey u baahanyihiin dhul ballaaran ah iyo biyo aad u fara badan balse aqaldooggu u ma baahna biyo tiro badan.

Greenhouse waxaa lagu waraabin karaa ilo biyood kala duwan sida, berkad (water reserve) ama (dip irrigation system) biyo dhibic ahaan ugu socona geedka salkiisa ama jrridiisa si uu si toosa ah uga cabbo xididada. Cutub gaar ah ayaan kaga hadli doonaa hababka waraabka ku habboon aqaldoogga.

1.1.4: Farsammo heer sarreysa (high tecnology greenhouse)

Habkaan casriga ah ee teknoolojiyadda sare leh waa qaabdhismeed loo dhiso aqaldoogga, kaasoo soo saara waxsoosaar taho leh. Dhismaha aqaldooggan wuxuu leeyahay darbiyo dhererkoodu gaari karo ilaa 4 mitir saqafkuna uu ka sarreeyo dhulka ilaa 8 mitir, dhererkaas oo u sahlaya hawo-siin (ventilation) ka imaaneysa saqafka iyo hawo-mareennadda dhinacyada ah. Saqafku wuxuu noqon karaa naqshadda sawtooth ama hoophouse. Qalabka inta badan la isticmaalo wuxuu noqon karaa maaddada polycarbonate am dhalo. Noocaan wuxuu sahlaa fursaddo kala duwan, sida ka-hortagga cayayaanka iyo cudurradda haleela dalagyada. Hadafka noocaan farsamada heerka sare ah ee ku shaqeeya hawa-siinta casriga ah ee farsamaysan iyo qorshaha waraabka casriga ah oo markuu heerkulku sare u kaco uu u furo hawo-mareennadda saqafka iyo janbiyadda, si hawo u soo gasho. Wuxuu kaloo leeyahay habka waraabka (programmed irrigtation) la sii cayimayey waqtiyadu uu is-waraabinayo (drip irrigation). Wuxuu sahlaa fursaddo waxsoosaar oo tayo iyo tiraba leh oo hadaf ganacsi ballaaran leh. Noocaan wuxuu u baahanyahay maaliyad ama raasamaal ballaaran, sababtoo ah wuxuu isticmaalaa qalab ama mashiinno hawshaas otomaatig ah sahlaya, kuwaas oo ku shaqeeya tamarta korontadda, nooc ay doonto ha ahaatee.

1.1.5: Noocyada aqaldoogga

Waxaa jira dhowr nooc ama naqshado kala duwan oo loo dhiso Aqaldoogga. Waxaan cutubkii hore ku soo barannay farsamooyin-ka kala duwan ee ku habboon deegaannadda kala duwan. Qalabka dedka sare ama balbalada waxay noqon kartaa bac, shabaq ama dahaar bac ah (plastic) waxayna u kala qeybsamaan dhowr

nooc oo aad ku ogaan doontid naqshadda ku habboon deegaankaaga.

Aqaldooggu si uu u noqdo mid wax ka tara dhimista ama kordhinta ileyska cadceedda, nafaqada iyo waraabka, ka hortagga cayayaanka iyo cudurrada haleela dalagga, waxaa lagamamaarmaan ah in aad kala doorato qalabka iyo naqshadda iyo sidii loo dhisi lahaa, adigoo tixgelinaya daruufaha ku xeeran ganacsigan.

Dhammaan aqalladda Aqaldoogga ayaa ku kala duwan qaabdhismeedkooda, tayadooda iyo awoodda waxsoosaarka, waxayna ku kala duwanyihiin sida ay u qiyaasaan ama u bixiyaan xaraaradda ileyska, hadday ahaan lahayd dhimisteeda iyo kordhinteedaba, taaso ku salaysan deegaanka laga fuliyey mashruuca.

Aqaldoogga nooca ka dhisan ama loo isticmaalay dedka dahaarka ah ayaa hadh ama hoos siiya dalagyada qaarkood, kuwaas oo aan u adkeysan karin awoodda ileyska ama cadceedda. Ujeeddadda aqaldoogga ayaa ah si uu isugu dheellitiro baahidda dalagga ee ileyska cadceedda iyo waraabkaba.

Aqaldooggu in kastoo aaney jirin sabab aanu u yeelan karin dhisme adag, sida aqalladda deegaanka ah, waxaa jira sababo loo adkeeyo ayadoo laga taxaddarayo waxyeelladda ka soo gaari karta masiibooyinka ay sababaan cimilada iyo deegaankuba. Waxaa lagamaarmaan ah in marka hore la adkeeyo dhigaha (frame) ama tiirarka uu ku taaganyahay aqalkan dhirta lagu xanaanneeyo. Waxaa loo Isticmaali karaa qalab kala duwan, sida tuubbooyin bir ah (metal frames) ama macdan ah, alwaax (timber frames), caag (plastic pipes) ama qalab kale oo ku habboon.

Qalabkaan loo isticmaalayo tiirarka ama dhigaha (frames-ka) ayaa leh qiime kala duwan waxayna ku kala duwanyihiin adkeysiga, sii noolaanshaha iyo tayaddaba. Waxay kaloo ku kala duwanyihiin qiimaha oo ku xiran suuqa aad ka iibsanayso.

1.1.6: Nooca isku taxan (ployethylene film)

Waa nooc ka mid ah naqshadaha loo dhiso Aqaldoogga oo isku dhegdheggen looguna tala galay in lagu abuuro dalagyo fara badan oo ganacsi ahaan ah (commerciable production). Wuxuu noqon karaa mid kaligiis taagan ama dhowr xabbo oo isku xiriirsan.

Sawirka 1: *Noocani waa aqaldoogga isku taxan ee ka samaysan bacda loo yaqaan polyethylene film. Waxaa ka muuqda hawaqaadka saqafka iyo horay.*

Aqaldoogga noocan ah ama hoosadan waxay noqon kartaa ded ama balbalo nooc kale ah, alaabta aad isticmaalaysana waxay noqon kartaa bac caddaan ama cagaar ah, shabaq caddaan (white/green netshade) ama caag caddaan ah (white film) dhulka qabow, siiba dhulka barafku ka da'o iyo meelaha qaar oo laga isticmaalo muraayad.

Sawirka 2: *Qaabka loo dhiso nooc ka mid ah aqaldooga loona yaqaan gable roof; waxaa badanaa laga dhisaa qalab adag oo ay ka mid yihiin muraayad caag ah. Noocan wuxuu ku habboonyahay dalalka qabow ama barafku ka da'o.*

1.1.7: Qaabka Saqaf-sambuusle (gable roof)

Noocaan loo yaqaan Saqaf-sambuusle naqshaddiisu waxay shabbahdaaguryaha aynu dhisano, darbiyadiisa ayaa toosan saqafkuna kor ayuu aad ugu fiiqanyahay si barafka iyo biyaha roobku uga daataan. Waxaa laga dhisaa qalab adag, sida muraayadda ama jiingad caag ah waxana loogu tala galay in lagu beero dalagyada aadka u dheeraadaa ee kor u baxa ama haddii la doonayo in la beero dalagyo lagu taxo xargaha, sida qajaarka, tamaandhada, canabka, qaraha, iyo batiikha. Sababta ugu weyn ee loo dhuubey saqafka waa marka mashruucu ballaaranyahay oo la doonayo in fiiqaas dheer loo furo si otomaatig ah, taasoo noqonaysa hawo-qaadasho dabiici ah (natural ventilation). Waxaa loo sameeyaa tiirar adag iyo dhisme shaqeyn kara muddo dheer, si looga soo saaro dalagyo hadaf ganacsi leh.

Sawirka 3: *Noocaan waa kan isku taxan kana samaysan muraayad caag ah. Waa saqaf afmiinshaar ah isla markaasna leh hawo- qaad xagga saqafka ah oo farsamaysan (automatic roof ventilation). Ballaarkiisa waxaa loogu tala galay in lagu beero dalagyo badan iyo warshadaynta khudaarta.*

1.1.8: Qaabka saqaf-miishaarle (industrial greenhouse - sawtooth shape)

Waa hab kale oo loo dhiso ama loo naqshadeeyo aqaldoogga. Naqshaddaan waxaa loo dhisaa ayadoo hawo-mareenno sare saqafka loo sameynayo. Saqafkii ayaa laba qeybood loo dhisaa oo dhinac ayaa qalloocan dhinacna waa toosanyahay waxaana loogu talagalay in sida daah oo kale ah loo furo markii la doono xagga sare ee saqafka, halka uu saqaf-sambuusluhu ama saqaf-mudulle ay hawo-mareen-no otomaatig ama farsamogacmeed ah ku leeyihiin dhinacyada iyo darbiyada bidixda iyo midigta, sidii la doono ha loo furee. Sawtooth greenhouse wuxuu noqon karaa mashruuc ballaaran oo ganacsi.

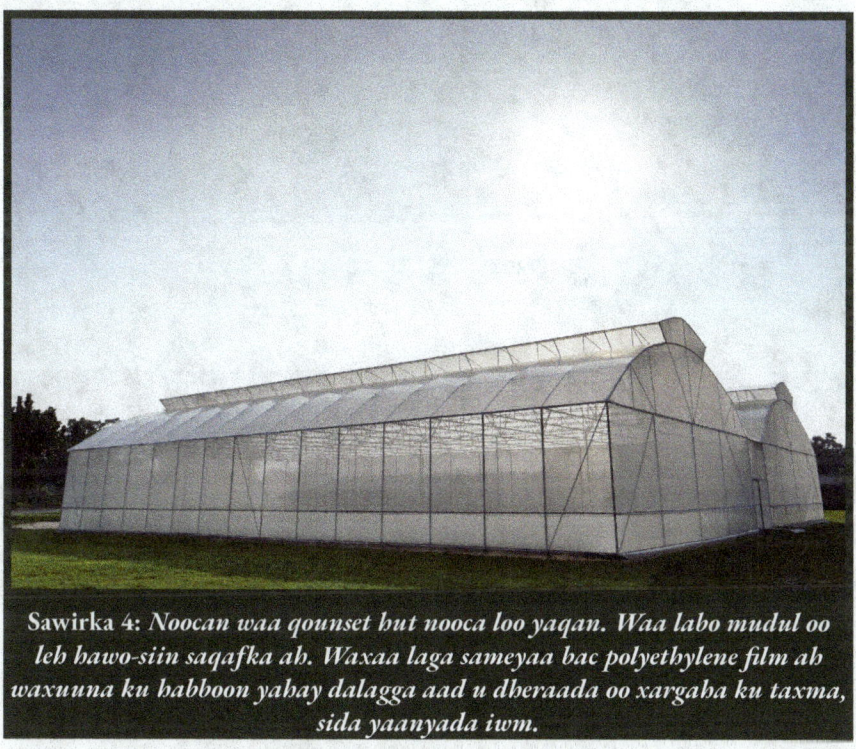

Sawirka 4: *Noocan waa qounset hut nooca loo yaqan. Waa labo mudul oo leh hawo-siin saqafka ah. Waxaa laga sameyaa bac polyethylene film ah waxuuna ku habboon yahay dalagga aad u dheraada oo xargaha ku taxma, sida yaanyada iwm.*

1.1.9: Saqaf-muddulle (qounset hut)

Naqshadda ama nooca loo yaqaan Quonset hut waa hab kale oo loo dhiso aqaldoogyada. Noocaan ma laha saqaf kor u dhuuban iyo dhinacyo ama darbiyo siman e waa ay qalloocanyihiin.

Quonset hut waa raqiis marka la maalgashanayo waxaana laga isticmaalaa adduunkoo dhan. Wuxuu ku habboonyahay diirrimaadka dhaqsaha ah, qaabdhismeedkiisa darteed, wuxuuna sare u qaadaa heerkulka cadceedda marka la barbardhigo noocyada ama naqshadaha kale. Noocaan waxaa lag dhigi karaa dhowr muddul oo isku taxan, si loogu beero dalaggyo badan. Waa sahlanyahay dhismihiisa iyo maareynta hawo-mareennadda sida dhinacyadda iyo saqafka.

Sawirka 5: *Nooca mudulka ee oo isku taxan (qounset hut) iyo hawo-mareen dhinacyadda ah.*

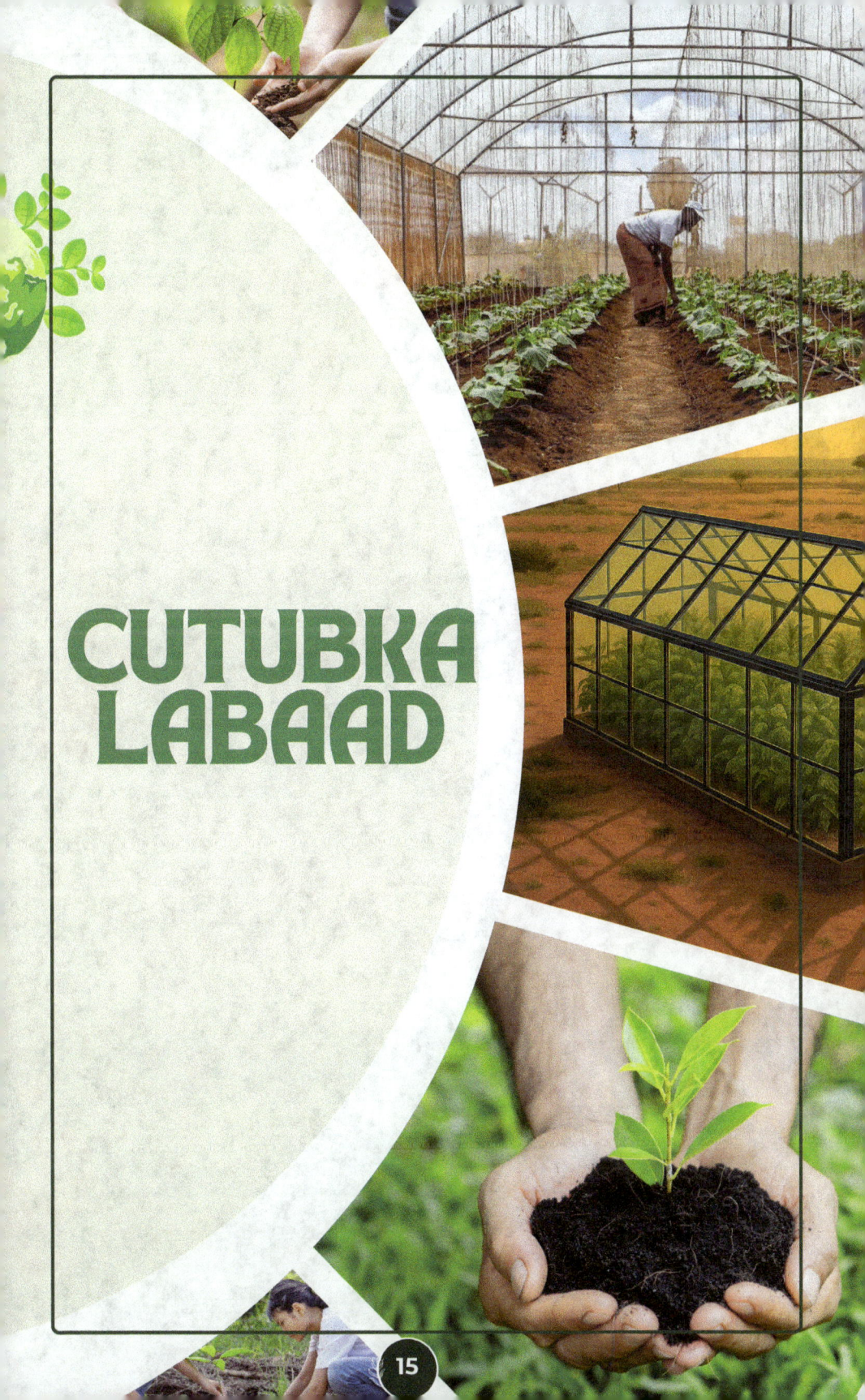

CUTUBKA LABAAD

2.1 SIDEE U SHAQEEYAA AQALDOOG?

Muhiimadda Aqaldooggu waa in uu isu dheellitiro cimilada, cadceedda, biyaha, isla markaasna ka difaaco waxyeellada dhirta uga imaaneysa dibedda. Aqaldooggu wuxuu siiyaa dhirtii waxay u baahantahay, sida heerkul ku filan oo diirran, iftiin, biyo, hawo, iyo nafaqooyin muhiim ah, si ay u koraan oo u kobcaan. Waxaa jira shuruudo kala duwan oo loogu talagalay dhirta kala duwan.

2.1.1: Sidee loo dhisaa aqaldoogga

Markaad bilowdo in aad isku diyaariso naqshadda iyo dhisida aqaldoogga dhirta lagu koriyo, mid ka mid ah su'aalaha lamahuraanka ah ee aad wajihi doontid ayaa ah sidee loo dhisaa? Waa maxay cabbirka aan u baahnahay? Haddaba, waa inaad diyaarisaa oo tixgelisaa baaxadda dhulka kuu diyaarsan ee aad heli karto.

Heerarka aqaldoogga waxaa lagu qeexaa hab-dhismeedkooda iyo halka laga dhisayo wuxuuna noqon karaa qaab kasta iyo cabbir kasta. Cabbirka Aqaldoogga ee ugu caansan waa 30 cagood oo ballac ah iyo 96 cagood oo dherer ah. Dhererka inta badan waa la dhimi karaa ama la kordhin karaa 4 ilaa 6 cagood.

Dhismaha aqaldoogga, hufnaanta iyo waxsoosaarka togan waxay inta badan ku xirnaan doontaa nooca iyo qaabdhismeedka, maadaama ay jiraan naqshado iyo habab kala duwan oo aad kala dooran kartid.

Waxaa muhiim ah in la ogaado oo la derso qasaaraha iyo faa'iidooyinka ay xambaarsanyihiin ee u gaarka ah nooc kasta ama qaabdhismeed kasta ee quseeya.

Haddaba, cutubka soo socda ayaan kaga hadli doonaa si faahfaahsan noocyada iyo qaabdhismeedyada kala duwan ee aad kala dooran doontid.

Qaabka loo kala doorto aqalka dhirta lagu koriyo ayaa lagu kala duwaan karaa, iyo qalabka ama hawlaha kale ee lagama maarmaanka u ah mashruucaan- Qaabdhismeedyada waxa ka mid ah nooca loo yaqaan Multi span Greenhouse.

Naqshaddan aqaldoogga loo dhiso waa naqshad ka mid ah hababka loo naqshadeeyo dhismuhu sida uu u ekaanayo iyo habdhismeedkaba. Wuxuu leeyahay qeybo badan oo isku xiriirsan, danta laga leeyahayna waa in la beekhaamiyo tamarta la isticmaalayo. Dhaqaalaha ku baxaya dhisiddiisa oo yar iyo baaxadda waxsoosaarka oo sarreysa ayaa loogu xishaa, wuxuuna leeyahay qeybo badan oo isku xiriirsan oo baaxad ahaan ballaaran.

Noocan xiriirsan (multi span) wuu xoogganyahay dhisme ahaan wuxuuna u adkeysan karaa waxyeelladda ka soo gaari karta dabeylaha iyo roobabka. Waa qaabdhismeed ku salaysan qalbacyo (modulars), saqafkiisa qalooxan oo sarreeyana waxaa loogu tala galay in uu barafku ka soo daato. Saqafka dhumucdiisa ayaa badanaa ah 2-3 mm waxaana lagu dhisaa oo isku haya biro adag (galvanized pipes) oo laga dhiso dhigaha (frameska) iyo mid udubdhexaad ah (support) oo dhexda laga taago tiir ahaan.

Naqshaddaan waxaa isticmaala oo caan ku ah xirfadlayaasha beeralayda ee soo saara khudaar ujeedkeedu ganacsi yahay, kuwaas oo haysta macaamiil joogto ah oo ku xiran waxsoosaarkooda. Waxaa sababaya waxsoosaarkan faraha badan naqshadda iyo nooca loo qaabeeyey iyo waliba qalabka lagu dhisey aqalkan isku taxan.

Cabbirka nooca isku taxan waa inta u dhaxeysa 6,40 cagood oo ballac ah iyo 16 cagood oo dherer ah. Cabbirka waxaad dooran kartaa intaad doonto.

Sawirka 6: *Aqaldoogaan waxaad ka muuqda hawo-siin dhinacyadda ah oo loo duubey si farsamo gacmeed. Dedka waxaad ka dhigan kartaa bacda polyethylene ama shabaqa cagaarka ah (netshade). Hawo-mareen dhinacyada ah oo loo duubay si farsamo gacmeed ah.*

2.1.2: Hoosada hawo-qaadashada dhinacyadda ah leh

Noocaan lagu magacaabo hoosada (shadehouse) waxaa lagu dhisaa bac shabaq ah ama ded la tolay oo daldaloollo leh waana sida shiraac lagu dabooley dhismaha biraha aha ama tiirarka isku rakiban. Haddii aad xiiseyneyso in dhirtaadu si habboon kuugu baxdo, waaxaa lagamamaarmaan ah in aad cimilada ka fekertid oo dalagga iyo cimiladu isku habboonyihiin. Deegaanku waa in uu saaxiib la yahay kor u qaadidda waxsoosaarka, gaar ahaan xilliyada xagaaga ah. Heerkulka oo siyaada waxey ka dhigantahay in aad biyo fara badan isticmaali doontid, sidaas daraaddeed ka feker oo ka baaraandeg qalabka iyo dedka sare ee aad isticmaali doontid kan ku habboon deegaankaaga, suncreen ama shadehouse kii aad doontaba ha ahaadee.

Sawirka 7: *Waa aqaldoog isku taxan naqshadduna waa safad-sambuusle (gable roof). Dedka netshade shabaqa ah, si cadceeddu u gaarto galagga. Habkaan waxuu leeyahay hawo-qaad horey iyo dhinacyadda ah.*

2.1.3: Shabaqa hoosada oo ah nooca sambuusle isku taxan ah (gable roof)

Noocaan shabaqa hoosada ah waa sida maro-kaneeco oo kale. Wuxuu ku habboonyahay dhimista heerkulka iyo ileyska qorraxda. Dhererka iyo baaxaddu waa kala duwanaan karaan, ayadoo loo eegayo nooca dhirta lagu abuurayo ee loo qorsheeyey iyo dhirta lagu beerayo inta dhererkeedu gaarayo, waxaadse maanka ku haysaa in dhirta qaarkeed ay gaaraan ilaa 8 mitir oo dherer ah. Wuxuu leeyahay dhinacyo furan oo dhirtu ka qaadan karo iftiinka cadceedda iyo hawada.

Shadehouse waxaa kaloo loo isticmaali karaa labada mashruuc ee kala ah Aquaponic iyo Hydroponics oo laga hirgelinayo dhulalka kuleylaha ah. Waa farsamo kale oo loogu tala galay iskudhafka hadhka iyo ileyska.

Noocaan waa balbaladii aqaldoogga oo lagu daboolayo darbaal shabaq ah, kaas oo ka celinaya dhirta cayayaanka ama xayaawanada waxyeelleeya beeraha furan (open field). Wuxuu shabbahaa shade houseka oo waa isla qalabkii balse loo dhisayo naqshad ka duwan oo halka uu shadenet-ku uusan lahayn dhinacyo furan balse uu yahay sida guri xiran oo leh albaab laga galo. Wuxuu ku habboonyahay dhulalka kuleylaha ah (tropical regions), gaar ahaan gobolkeenna Geeska Afrika. Wuxuu siyaadiyaa oo qiyaasaa cimilada ama xaraaradda heerkulka iyo qabowga.

Sawirka 8: *Noocaan waa nooca aqaldoogga balbalada dedan ah mana lahan dhinacyo.*

2.1.4: **Kordedka dalagga (croptop structure)**

Nooc balbalo ah oo shabbahda shadehouse ama netshade waa qaab kale oo balbalo oo kale ah balse dhinacyada aan lahayn, si hawo mareen u noqoto, laakin dusha sare kaliya ka dedan. Waxaana la isticmaali karaa nooc kasta oo darbaal ah, sida plastic, netshade, ama muraayad (glass). Qaabdhismeedkaan saqafka ama dusha sare kaliya ah ee aan darbiyada lahayn wuxuu wax ka baddalayaa jawiga dalagyada qaarkood, kuwaas oo aan u adkeysan karin dhibicda roobka. Dalagyadaas waxaa ka mid ah kuwa caleenleyda ah, sida ansalaatadda iyo koostada, waxaase loo baahanyahay in loo qiyaaso qorshaha waraabka ee dalagyadaasi. Dabcan baaritaan iyo cilmi dheeraad ah ayaad u baahan doontaa oo quseeya dalagyada iyo noocyada dhirta ku habboon habkaan dedka kaliya ah ee aan darbiyada lahayn.

2.1.5: Habraaca qorshaha dhismaha aqaldoogga

Marka hore diyaarso dhammaan agabkii iyo qalabkii lagu dhisi lahaa.

- Tuubbooyinka birta ah ee loo yaqaanno PVC ee dhigaha (frames) laga dhisi lahaa.
- Bacda polyethylene plastic oo ah dedka aqaldoogga.
- Alwaax ama bir loogu tala galey in dhinacyada lagu rakibo.
- Boolal iyo silig dhumuc leh oo lagu dhuujin doono aqaldoogga.
- Qalabka lagu furo hawo-mareennada geesaha ee duuba bacda (side roll).
- Qalabka albaabka hore iyo gadaal oo ka samysan bacdii dedka ahayd.
- Nidaamyada iyo qalabka qaboojinta iyo marwaxadaha, haddii daruufi kallifto.
- Diyaarso jaranjaro, maqasyo, ama mindi wax lagu jarjaro, minshaarta birta iyo kuwa alwaaxdaba, musbaarro, fiilo dhumuc leh, iyo xarig dhowr mitir ah.
- Diyaarso cabbir ama mitir aad ku cabbirtid bacaha iyo biraha.

2.1.6: Qorsheynta iyo naqshadaynta

- Dooro goobta oo noqonaysa meel fidsan lehna qorrax iyo biyamareenno.
- Go'aanso cabbirka Aqaldoogga oo ku salaysan awooddaada maalgashi.
- Hubi in aad heshay oggolaanshaha buuxiseyna shuruudaha dhismaha ee deegaankaaga.
- Goobta ka nadiifi wixii dhir iyo keyn ah oo sin adigoo isticmaalaya qalabka lagu ogaado in uu dhulku simanyahay, si aysan biyhu ugu xannibmin hal dhinac oo dhinaca kale gaari waayaan.

- Qod dhowr god, laga bilaabo dacal ilaa dacalka kale oo asaaskii ah ilaa 45 cm, oo ku shub jay iyo shamiito ama shub oo ku mud biraha aasaaska u ah aqaldoogga ee loo yaqaanno ground stakes.
- Birtii aad dhulka galisey (ground stakes) waa in ay ka af-ballaarantahay kuwa dhaadheer ee dhigaha ah ama aargada noqonaya (bow instalation).
- Ku rakib dhammaan birihii aargada ahaa ee qalloocnaa oo ka kooban kuwo hore, dhex, iyo kuwo dambe birtii (ground stakes) aheyd ee shubka ku jirtey.
- Ku xir boolashii loogu talo galey ee isku qabanaysey birahaas dhammaantood kor iyo hoosba (purlin clamps). waa boolal isku qabta biraha tuubbooyinka ah.
- Soo qaado alwaaxii oo ku dhaji xagga hoose biraha oo ku la dheji boolasha ama masaamiir loogu talagay alwaaxa iyo birta (purlin pipe) ah.
- Soo qaado bundaddii bacda ahayd ee greenhouse plastic ama polyethylene film.
- Saar bacda (golyethylene film) aqaldoogga adigoo ka bilaabaya midig ama bidix una jiidaya dhinaca kale, si ay u noqoto mid giigsan oo aad loo jiidey si ay birta ugu dhagto.
- Ka taxaddar in ay biruhu ama tuubbooyinku leeyihiin geeso fiiqan oo mudi kara isla markaana dillaacin kara bacda dedka ahayd.
- Si taxaddar leh u cabbir bacda oo dhinaca kale waa in ay u dheertahay xoogaa, si dhulka u gaarto looguna duubo tuubbooyin la is gelgeliyey oo dheer, si loo sameeyo duubistii hawo-qaadasho marka loo furayo hawo-mareenka (side roll), mid gacanta ah ama automatic ah.
- Soo qaado snap clamps oo isku la qabo tuubbadii wax duubeysey iyo bacdii si inta u dhexeysa ee dhulka taalla loogu duubo tuubbadda, taasoo ku cabbiran 30 cm.

- Ku rakib wareejiye (handle) lagu duubi lahaa tuubbo kale oo ku cabbiran ilaa halka duubistu gaareyso oo ku wareeji ilaa bacdu duubanto oo gaarto halkii alwaaxa lagu rakibey.
- Ku rakib alwaaxii birta u sameysan sida U ee loo yaqaan channel lock oo ah qaab loo giijiyo bacda. Ka dib soo qaado fiiladii u sameysneys sida mowjadda (wiggle wire) oo is dhex geli bacdii iyo birtii ka dibna fiiladii geli birtii, bacduna waa in ay u dhaxeysaa birta iyo fiilada. Ku samee hareeraha iyo geesaha aqaldoogga.
- Howshaan samee maalin jawigu wanaagsanyahay oo aysan jirin dabaylo iyo roobab.

3.1 SAQAFKA AQALDOOGGA JIINGAD-CAAGLAHA AH

Saqafka jiingadda caagga ah waa nooc ka mid ah qalabka lagu dhiso aqaldoogga saqafka ama dedka sare ee aqalkan lagu beero khudaarta. Qalabkaan waxaa loo isticmaalaa naqshado kala duwan. Noocaan (jiingadda caagga ah (corrugated polycarbonate sheet) waa sida laamiyeeriga ama jiingada aan guryaha ku dhisanno ay u qalqalloocantahay (corrugated).

Jiingaddan caagga ah waa eco-friendly u wanaagsan cimilo kasta iyo deegaankaba, hadday tahay heerkul sarreeya, cimilada aadka u qabow, dabaylaha iyo roobabka mahiigaanka ah. Waxay leeyihiin adkeysi fara badan.

Corrugated palstic sheet waa photosensitive oo micnaheedu yahay waxay u soo jiidataa ileyska cadceedda si qiyaasan oo isku dheellitiran si dhirtu u manaafacaadsadaan. Waa kuwo raagaya oo leh adkeysi, fudeydna ah oo aan cusleyn.

3.1.1: Bacda (greenhouse plastic, polyethylene films)

Waa nooca ama daboolka dedka ah ee loogu isticmaal badanyahay, polyethylene films-kaas oo lagu dhiso inta badan aqaldoogyada. Noocaan waxaa lagu doortaa dhowr faa'iido oo ay ka mid yihiin ileyska oo ka gudbi kara si dhirtii u hesho diirrimaadkii ay u baahneyd. Adkaysiga ayaa lagu doortaa oo ma dillaacayo mana banjarayo, waayo waxaa laga sameeyey maaddo adag. Wuxuu ku fiicanyahay noocan waa flexble oo waa la duuduubi karaa lana bad-baddali karaa hadba naqshadda aad doonto. U adkeysiga cimilada, sida roobabka xoggan, dabeylaha iyo baraf dhaca. Polyethelene films wuxuu jiri karaa ilaa 5 sano iyo ka badan haddii si fiican loo dhowro oo lagu dadaalo nadaafadda iyo ka hortagga waxyeellooyinka kale, dhimista waxyeelladda qorraxda ama ileyska, si aysan u dhaawicin dhirta, isku dheellitirka cimilada iyo jawiga aqaldoogga gidhiisa, si aysan heerarka xaraaradda (tempreture levels) sare ugu kicin ama hoos ugu dhicin ayuu u qiyaasaa dhirta, ka hortagga huurka iyo uumidda gudaha.

Markaad dooranaysid qalabkaan (polyethylene films), ku dooro dhumucdiisa oo waa in uu dhumuc leeyahay waxaana jira kuwo dedka lagu qaldo oo qafiif ah.

UV protection waa in uu leeyahay oo laga wado qorraxda in uu ku cawaro dhirtii oo reflection ku sameeyo dalaggii, sida markaad muraayad darbi ku ifisid oo kale in uusan ileys u direynin dhirtii waxyeelleynaya. Anti-condensation waa in aysan dhibcaha biyaha qabsanayn ama dhididqabad lahayn, waliba xagga gudaha ah, balse iska tuuraya oo hawada u diraya. Tear resisitance waa in uusan jeexmayn ama si sahlan u dillaacayn oo adagtahay bacdu. Dooro nooca loogu talo galay aqaldoogyada iyo beerta sababtoo ah waxaa jiro nooc loogu talo galay hawlo kale, sida dhismaha guryaha.

3.1.2: Albaabbadda iyo Hawo-mareennadda (doors and ventilation)

Cutubkaan wuxuu ka saabsanyahay albaabbada iyo hawo-mareennadada kala duwan waana qodob muhiim u ah badqabka dalagga iyo qodobka kale ee hawo-mareennada saqafka iyo dhinacyadaba, waxeyna labaduba ka qeybqaataan hawo-siinta guud iyo fayadhowrka iyo badqabka dalaggaba.

Haddaba, marka laga hadlayo dhismo waa in marka hore la dajiyaa oo la fsriisiyaa naqshadii dhismaha iyadoo la tixgelinayo, deegaanka, cimilada iyo juquraafigaba. waxaa laga maarmaan ah in marka hore laga fekero halka ama meesah aad ka dhisanayso aqalka aqaldoogga.

Tusaale ahaan, waa in aaggu yahay meel cadceedda faraha badan laga heli karo ee aanu ahayn dhul dugsoon oo buur hoosteed ah ama dhismo dheer dhinaciisa. Hawo- qaadidda aqaldoogga waa arrin muhiim ah dhowr sababaood dartood, waxaana ka mid ah maareynta xaraaradda iyo huurka (humidity and tempreture controll), iyo hawo-siin nadiif ah. Hawoqaadid nuxur leh waxey ka caawineysa aqaldoogga ka hortagga cudurradda iyo cayayaanka.

Sawirka 9: *Sawirkaan waa dhigaha ama aasaska aqaldoogga waana tusaale muujinaya in dhigaha loo isticmaali karo biraha alimunium.*

3.1.3: Biraha iyo tuubbooyinka lagu dhiso Aqaldoogga

Marka la dhisayo aqalka Aqaldoogga wuxuu ka koobanyahay qalab fara badan, sida bacda ama dedka sare nooca ay noqonayso, bac ama shabaq, haddaba waxaa kaloo jira frames ama dhigo ama tiirarkii isku hayn lahaa aqaldoogga. Waxaa la kala doortaa dhowr nooc oo frames ama dhigo ah kuwaas oo laga sameeyey maaddooyin kala duwan oo waliba kala tayo wanaagsan, kala adkeysi ah, isla markaasna kala fudud. Nooc waa biro isugu jiro noocyo adkeysi leh oo aan xumaan, daxalna ku dhalan karin waxayna u kala qeybsamaan, bir la dhowrey (galvanized steel).

Waa nooc bir ah oo laga sameeyey iron iyo carbon, waxaana la isugu qasay labadan maaddo, taasoo ka hortagays daxalka iyo isbaddalka isla markaana xoojineysa awoodeeda, waxaana dusha looga daray maaddo zink ah oo ka ilaalisa daxalka. Waxay ku habboontahay u isticmaalka dhismayaasha dibedda ah (out-door construction). Noocaan ayaa inta bdan loo isticmaalaa dhismaha aqaldoogga.

3.1.4: Aluminium

Biraha noocan ah waxaa loo isticmaali karaa dhismaha aqaldoogga waxaana lagu doortaa faa'iidooyin badan oo ay ka mid yihiin fudeydka, si la mid ah birta la dhowrey/glavanized steel.

Aluminum ma daxalaysto waxaana lagu doortaa adkeysiga iyo tayo wanaagga wuxuuna leeyahay fursad dib u warshadaynta ah (recyclability).

Haddaba, waxaa kaloo jira dhigo kale oo la isticmaali karo, sida alwaaxa lagu dhafay qeyb bir ah, waliba inta hoose ee aasaaska ah. Waxaad kala dooran kartaa mid ka mid ah noocyada dhigaha ah (greenhouse frames) ee aan ka soo hadalney markaad qorsheyneysid dalabka qalabka dhismaha Aqaldoogga.

AQALDOOG Greenhouse — CUTUBKA SADDEXAAD

CUTUBKA
AFARAAD

4.1 BIYO-GELINTA IYO WARAABKA

Biyaha iyo waraabka ayaa arrinta ugu muhiimsan dhammaan hawlgaladda aqaldoogga. Sidaan horey uga soo hadalneyba, biyuhu waa shayga aad ku fekereyso marka ugu horreysa. Biyuhu waxay ka horreeyaan helitaanka dhulkii iyo tashiilaadkii kale ee lagu fulin lahaa mashruucaan muhiimka ah.

Waxeynu wada ognahay haddii aysan biyo jirin in aysan nololba jirin, halkaan waxaanu kaga hadleynaa hababbka kala duwan ee loo sameysto waraabka ee ku habboon aqalka aqaldoogga.

4.1.1: Helitaanka biyaha

Biyuhu waa shayga ama tallaabadda ugu horreysa isla markasna ugu muhiimsan mashruuca ee loo baahanyahay in aad ka fekertid tixgelin ballaaranna kaa doonaya, waayo biyuhu waa lafdhabarta beeraha iyo noloshoo dhanba. Biyo la'aani waa nolol la'aan. Marka

kowaad soo xaqiiji meelaha laga heli karo biyo, hadday ahaan lahaayeen ceelal, wabiyo, iyo ilo kale oo joogto ah, keyd biyood, sida berkaddaha hoos u qodan ama kuwa kor u dhisan. Maareynta biyaha ee aqaldoogga ayaa muhiim u ah caafimaadka iyo waxsoosaar dalag tayo leh. Halkaan waxa aynnu dul istaagi doonnaa tusaalayaal ku saabsan maareynta biyaha si hufan ee loo isticmaali karo aqaldoogga.

4.1.2: Tayada biyaha

Hubi in isha biyuhu ay nadiif tahay (uncontaminated water source) kana madax bannaantahay wasaq iyo waxyeello kale, isla markaana lahayn cakrnaan macdaneed (mineral accumulation) kuna hubeysan heerarka nafaqada ee PH kuna habboon waraabka dhirta.

4.1.3: Baahidda biyaha

Dhirta ama dalagyada kala duwan ayaa waxey leeyihiin baahiyo kala duwan oo waraab ah, waxaana saameeya arrimo ay ka mid yihiin heerarka koritaanka iyo cimilada, heerkulka iwm. Ku dadaal joogteynta waraabka iyo gaarsiinta goob walba oo ay dhiri ka baxeyso adigoon ka tageyn hal taako oo ka mid ah aagga beeridda una waraabinaya si qiyaasan oo isku dheellitiran balse aan xad-dhaaf ahayn. Yaree qasaaraha biyaha adigoo maraya geeddi-socod isku jaan go'an oo horey loo qorsheeyey oo waliba horumarsan.

Sawirka 10: *Sawir muujinaya habka waraabka dhibiclaha ah. Tuubabadu waxay ku aaddantahay geed kasta, si dhibicdu u abbaarto.*

4.1.4: Noocyada waraabka iyo ilaha biyaha

Isha biyaha ee aad u baahan doonto ayaa ah shey aad u muhiim ah. Ilaha biyuhu waa ay kala duwanyihiin; ceelasha, wabiyada, haraha, roobka iyo badda. Waraabka dhibicda ama habka loo yaqaano faleebbadda (drip irrigation) waxaa faa'iidooyinkiisa ka mid ah biyihii oo si toosa u gaaraya xididka dhirta isla markaasna yareynaya uumiga iyo qulqulka. Waraabka dhibicda ama dripp irrigation waxaa uu u kala baxaa labo nooc.

4.1.5: Waraabka dhibicda dhulka hoostiisa la galinayo (sub-surface drip irrigation)

Waa nooc tuubbooyinkii daldaloolladda lahaa ee biyihi ka soo dhibcayeen (dripp hose) la dhex geliyo dhulka hoostiisa, si halkaas ay biyuhu u abbaaraan xididkii geedka. Nooca labaad ee dusha (surface) ayaduna waa tuubbadii oo mareysa dusha sare ee ciidda balse la arki karo oo halkaas ay ugu dhibceyso dhibicdii biyaha ilaa uu dhammeysto waqtigii loo cayimay ee waraabku soconayey. Waa waraab ku socda nidaam iyo habab isku dheellitiran. Waxey leeyihiin iskuxidha tuubbooyinka guud oo hal il ama ceel ama berkad ay biyuhu ka imaanayaan, ayadoo la isticmaalayo soosaraha biyaha, sida water sprinkler iyo filtres sifeeya tan oo ka hor istaageysa in maaddo ama walxo adag ay ku gufeysmaan tuubbadi ama ishii biyuhu soo marayeen una sahasha qulqulka biyaha.

4.1.6: **Qaabeeyaha cadaadiska (pressure regualtor)**

Waa qalab lagu rakibo tuubbooyinka dhibicda faleebbada (dripp irrigation) ee waraabka waa qaabeeyaha ama qiyaasaha xawliga ay biyuhu ku soo dhaqaaqayaan oo haddaan qalabkaan la isticmaalin oo lagu rakibin waxaa macquul ah in aysan biyuhu gaarin dhammaan aqalka aqaldoogga iyo halkii loogu talagay, sababtoo ah waxaa suuragal ah in 600 oo geed ay kuugu beeran tahay Aqaldoogga marka waxaa qasab ah in biyuhu ugu tagaan geed kasta halkiisa.

4.1.7: **Gooreynta iyo qoyaan-dareeme (automatic timer and moisture sensor)**

Waa qalab casri ah isla markaasna horumarsan kuna shaqeeya tegnoolojiyad sare, waxeyna shaqada u qabanayaan si Automatic ah oo wax ka tara habsocodka iyo waxsoosaar tayo leh.

Dareemaha qoyaanka (moisture sensor) waa qalabka la dhex geliyo ciidda kaasoo ogaanaya qotadda qoyaanka ama qalaylka ee dhulkii wax ku beernaayen isla markaasna farriin (signal) u diraya gooeeyaha (timer) ama saacadii oo markaasna u baaqayo saacadihii soo fasixi lahaa waraabka sidaasna ay ku biyo cabto beertii si howl yar.

Gooreeyuhu wuxuu waraabiyaa beerta waqti cayiman oo lagu diiwaan geliyey in beertu is waraabiso. Waxaa tusaale ahaan lagu diiwaan galiyaa maalmaha isbuuca, laga bilaabo Isniin ilaa Axadda, iyo saacad ilaa saacad, waxaana habboon in dhirta la waraabiyo xilliyada heerkulku hooseeyo oo qabow yari jiro, sida habeenkii ama aroorta hore ee maalinta inta aaney cadceeddu soo bixin oo jawigu kululaan.

Sawirka 11: *Qalabkan waa nooc ka mid ah waraabka (overhead sprinklers). Waa furar lagu rakibo tuubbada isla markaasna kor ka rusheyna dalagga, si qiyaasan.*

4.1.8: Rusheeye kore (overhead sprinklers)

Waxaa kaloo ka mid ah hababka waraabka ee loo isticmaalo aqaldooga rusheesheyaal sare oo ah habb tuubbooyinkii wax waaraabinayey ay dhirtiiba ka sarreeyaan oo ay ka soo laallaadaan biro ay ku rakibanyihiin sidaasna ay roob ahaan u waraabiyaan dhirtii.

Rusheeyeyaasha sare (overhead sprinklers) waxaa loo siticmaalaa dhirta u baahan qoyaan ama biyo badan oo baahidoodu fara badantahay, si aagga oo dhan loogu daboolo waraab dhulka oo dhammina u qoyo. Waxaa ku habboon qaabkaan sida roobka oo kale loo waraabinayo dhirta loo yaqaanno caleenleyda oo ay ka mid yihiin ansalaatada, bagalka, kaabashka, koostaataada iwm.

Qalabkaan waxaa lagu rakibaa si ay biyhu awood ugu soo dhaqaaqaan oo lagamamaarmaan ah in lagu rakibo qalabkii aan kor

ku soo sheegey oo ay ka mid ahaayeen gooreeyaha iyo qoyaan-dareemaha (automatic timers, moisture sensors). Gooreeye waxaa lagu diiwaan galinayaa goorta waraabku soconayo, maalmaha iyo saacaddaha, dareemaha qoyaanka, tuubbooyinka, pumps soo saaraye biyaha ama xoojiyhii iyo qaabeyaha cadaadiska (pressure regulator).

Haddaba, markaas isticmaalaysid habkaan waraab waxad ka digtoonaaneysaa biyo naaquska, waa in aad haysatid il biyood ku filan mashruucaan, waxaa kaloo ka feejignaanaysaa qasaaraha iyo uumibaxa biyaha adigoo ku samaynaya kormeer joogto ah.

4.1.9: Waraab hoosaad iyo habka daadka (sub-irrigation EBB and flow system)

Waa qaab kale oo loo habeeyo waraabka dhirta badanaana waxaa la isticmaalaa marka dhirtu ku abuurantahay aashuun (pots) ama weel kale, sida caagag ama alwaax.

Faa'iidada habkaan EBB and flow waxa ka mid ah in biyihii oo mar walba si fudud u gaaraya aashuunkii ama weelkii salkiisa. Flow waxay u taagantahay fatahaad, biyhii oo ku fatahaya aashuunka ama weelkii dhirtu ku abuurneyd salkiisa isla markaasna saarneyd miis sare oo asaguna sii haynaya muddo cayiman si automatic ah, ka dibna biyihii ayaa ku laabanaya taangigii ama haantii ay ka yimaadeen ka dib markuu geedku dhargo waxayna u dhacaysaa hawshaan si aotomatic ah oo qalabka waraabka ayaa biyaha ku soo deynaya markii loo baahdo oo waqti cayiman ah, horeyna loogu diiwaan geliyey. Habkaan waxaa la isticmalaa qalabkii aan kor ku soo xusey ee gooreeyaha iyo cadaadiska biyaha ay ka mid ahaayeen. Waan hawl Automatic ah oo aan manual ahayn laakiin aad adiguba ka dhigan kartid hand iririgation oo gacmahaaga aad ku waraabin kartid si qiyaasan. Faa'iidada habkaan waxaa ka mid ah oo ay kaa caawineysaa in aanad geed geed u waraabin balse ay fatahaaddaas ama dhirtii oo dhan ku waraabsamayso.

Dhinaca kale, haddii aynu is barbar dhigno hababka waraabka ee kala duwan, sida waraabka dhibicda (dripp irrigation) oo u sii kala qaybsamo (sub-surface and surface drip irrigation) oo ah tuubbooyinkii oo afkooda (dripp hose) marna la aasayo marna aan la aaseyn ayaa waxay u baahanyihiin howl iyo kormeer joogto ah.

Waxaa hawl yar habka ay dul marayaan oo aan la aaseynin tuubbada, sababtoo ah haddii cillad ku timaado si sahlan ayaa waxa looga qaban karaa oo waad bedeli kartaa balse haddii la duugo waa ay adagtahay in la hagaajiyo haddii ay cilladdi ku timaaddo waxayna noqoneysaa in la soo saaro si loo hagaajiyo. Habkaan tuubbooyinka la aasayo waxaa isticmaala greenhous-yada aadka u waaweyn isla markaasna leh cadaadis biyood oo aad u xoggan iyo ilo biyood awood leh iyo dayactir sare.

Faa'iidada labadaan hab waxey ku fiicanyihiin dhirtii oo ka cabbeysa xiddidka oo tuubbadi ayaaba ku lamaanan xididka waxayna sababaysaa koboc xagga koriinka ah iyo waxsoosaarkaba.

Faa'iido-daridda sub-surface ayaa waxa ka mid ah in dripp hose-kii dhulka la gelinayo aanay biyaba ka imaan waxaana sababi kara in afkiisa ay ku gufeysmaan walxo xanniba biyihii, sida ururinta cusbada, quruurux ka gala afka, geed xixidkiis oo iska gala afkiisa, sidaasna aysan biyo soo dhaafin, waana sababta aan u leeyahay wuxuu u baahanyahay howl fara badan iyo kormeer joogto ah. Waxaa kaloo howshiisa ka mid ah adigoo mid mid u galinaya drip hose-ka geed walba salkiisa oo haddii 1000 geed kuu abuurantahay waxaad mudeysaa 1000 drip hose.

Haddaba, waxa habboon in marka hore intaan la bilaabin mashruuca laga sii fekero oo la sii qorsheeyo habka waraabka ee la isticmaalayo adigoo tixgelinaya baahiyaaga maaliyadeed, isha biyaha aad heli karto, nooca dhirta ama khudaarta aad abuuri doontid, cimilada iyo deegaankaba.

Haddaba, hadii aan falanqeyno faa'iidada uu leeyahay habka la yiraahdo EBB and Flow waa hab aan ku habbooneyn Aqaldoogga ee ciidda lagu beerayo balse baddalkeeda waxaad ku waraabin kartaa dhirta ku abuuran weelasha isla markaasna saaran miis sare oo aan lahyn dalool biyaha hoos ka sii daynaya, wuxuuna ku habboonyahay dhirta, sida ubaxyada, la isku iibinayo dhirtii iyo weelkii ay ku abuurneyd ee aashuunka ahaa (pot).

Qalabka aad u baahan doontid ee loo isticmaalo EBB and Flow waxaa ka mid ah flood trays oo ah sariirtii biyaha lagu soo fatahin lahaa, haan ama taangi biyihii ku diyaarsanyihiin iyo pumps. Waxaa kaloo u baahantahay sida hababka kaleba qalabkii kor ku soo xusney ee ka koobnaa moisture sensor oo ah qoyaan dareemihii iyo waliba saacadii timerka ahayd ee ku diiwaan gashanyihiin maalmaha iyo goorta ay is-waraabineyso beertu. Howshaan waxay u dhacaysaa si automatic ah oo isku jaango'an waana habsocod kuu beekhaaminaya waqti iyo tamar.

- **Roog qoyan (capillary mats)**

Waa nooc kale oo loo waraabiyo dhirta wuxuuna shabbahaa oo lagu waraabin karaa habkii kan ka horeeyey ee Aan ka soo hadley ee ahaa (ebb and flow) markaan maahan biyo la soo fataho ee roogaan la yiraahdo capillary mats ayaa la qoynayaa, wuxuuna waraabinayaa ashuunkii (pots) dhirtu ku abuurneyd, waxaa dacal ka mid ah roogo ku dhexjiraa waasko biyo ku jiraan ka dib na biyhii ayaa sida ay u sii ordayaan wada qoynaya roogii kuna faafaaya min daraf ilaa darafka kale, sidaasna ayeyna ku cabayaan dhirtii aashuunka ku abuurneyd (planting pots) oo aashuunka aayaa salka ka da loo la biyuhuna halkaas ayay xidadii ka abbaarayaan, waana roog loogu talagalay waraabka. Habkaan la yiraahdo capillary mats faa'iidada waxa ka mid in la isticmaalo biyo yar Waxaana badanaa loo isticmaalaa xaafaddaha dedka sida privateka ah gurigooda ugu abuuranaya khudaar yar oo ay adeegooda ka dhigtaan, Mana loo isticmaali karo hawl hadaf ganacsiyeed laga leeyahay.

4.1.10: Habka waraab-gacmeedka (hand irrigation)

Habka waraabka ee gacanta waa kan ugu hawsha badan laakin ugu qarashka yar kaagana baahan shaqo fara badan, waqti badan iyo shaqaale had iyo jeer diyaar u ah waraabinta beerta ee gacan ku waraabiska lagu qorsheeyey.

Habkaan wax Automatic ah ama qalab la isticmaalayo ma jiraan, marka laga reebo tuubbooyinka.

Laba hab ayaa gacanta lagu waraabiyaa oo kali ah; in tuubbadii oo biyihii ka soconayaan lagu soo daayo dhirta hoostoodii oo lagu dhaafo muddo saacado ah ilaa aad si gacan ku rimis ah ama maual ah aad u ogaatid in biyihii gaaraan salka hoose ee ciidda, waxaana isticmaali kartaa habka ay reer miyigeena u qiyaasaan ama u cabbiraan qotodda biya-dhigga roobka ayagoo gacantooda galina ciidda oo oranaya maantey roobkii halkaan helay wuxuu ahaa (far, calaalacal, gacan iyo gaariwaa.)

Habka labaad ee waraabka gacanta waa ayadoo aad tuubbadii afka hore kaga xirto rusheeye ama (shower) sidaasna aad ku waraabiso, habkaan gacan ku waraabinta beerta ee aqaldoogga u ma baahna teknolojiyadd iyo qalab kale ee waa nooc dhaqameed (traditional) oo waxaa isticmaala beeralayda aan jeebka buurneyn oo aan heli kareynin in

ay soo iibsadaan qalab fiican, balse waxaan hubaa hadday ku dhabar adeygaan tabacoodaas in ay heer sare ka gaari karaan, waayo beertu waa il dhaqaale oo la hubo lagana tabci dharo hanti maguurto ah.

Haddaba, habkaan gacan ku waraabiska ah waa ku habboonyahay greenhouse laga leeyahay hadaf ganacsi oo fog, balse haddii aad dooneysid in aad tijaabisid intaad ka kobceysid waad k u sii bilaabi kartaan, waxaana lagamamaarmaan ah in had iyo jeer la kormeeraa in carradii qalashey in ay qoyan tahay sababtoo ah, ma jiro qalabkii aan kor ku soo sheegney ee la soconayey qoyaanka iyo goorta ay beertu is waraabin lahayd balse waa in uu shaqaaluhu u carbisnaadaa howshaan masuuliyad ballaaran iska saaraa. markii ay ku gaarto in qarash ka soo baxo beertii ayaad soo iibsan dontaa qalaabkaan drip irrigation system.

Waraabka Aqaldoogga waxaa garab socda isla howl kale oo waraabka khuseysa. Qalabka aad u isticmaalayso socodsiinta waraabka ee automatic ah kuwaas oo kala ah gooreeyayaal (timers) iyo dareemayaal (sensors), waana qalab wada shaqeyni ka dhaxeyso kuna socda jadwal cayiman.

Hagaag, si uu mashruucu u miro dhalo waxaa beeralayda sharafta leh looga baahanyahay kormeer joogto ah oo ku saabsan dhammaan qalabka waraabka, badqabkiisa, dayactirkiisa, si looga hortago cillado imaan kara sida biyo-khasaarin, biyo si macno darro ah isaga socda oo aan ujeeddo lahayn ama tuubbo dalooshantay.

Sababtoo ah marmar ayadoo tuubbooyinka la dhigayo beerta oo biyogelintii la samaynayo ayey isku marmaan sidaasna ku dhacaa dil dillaac ama shay kale oo mudac ahi mudaa. Tuubbooyinka waa laf-dhabarta beerta, sidaas awgeed waxay u baahanyihiin ilaalin.

Haddaba, marka laga hadlayo waraab waxaa laga hadlayaa waa biyo, biyuhuna waxay keenaan dhibaato ay u soo jiidaan dhirtii waxaana ka mid ah cayayaan ayaguna oomman, xayawaanaad oomman, iyo bani-aadam oomman intuba beerta ayay imaanayaan oo biyey doonayaan waxaana la doonayaa in aad la tacaamushid.

4.1.11: Talooyin ku saabsan waraabka

Hubi in la heli karo il biyood nadiif ah oo la isku hallayn karo oo aan kala go' lahayn, waliba waxaad tixgelisaa dhowaanshaha isha biyaha si loo dhimo qarash dheeraad ah.

- Isticmaal habka waraabka biyaha oo waafaqsan tixgelinta hadba inta awooddaada biyo helitaan ay gaadhsiisantahay.
- Isticmaal hab waraabka loo yaqaan drip irrigation, waraabka faleebbada, si ay si toos ah biyuhu ugu gaadhaan aagga xididka dhirta. Tani waxey kaa caawin doontaa in biyihu si beekhaansan oo aan qasaaro ku jirin balse ku qiyaasan ay ugu qulqulaan halkii dhirta xididkooda ahayd.
- La soco qoyaanka ciidda ama dhoobadda ee dhirta salkooda ah adigoo adeegsanaya qoyaan-dareeme (moisture sensor), si aad u la socotid heerka ay ciiddu qoydey ee ah hoosta hoose ee xididdka, tanina waxey kaa caawineysaa ka hortagga waraab xad-dhaaf ah (overwatering) iyo waraab aan ku filneyn (underwatering) oo aan gaarin halkii xididku ahaa.
- Deji hadaf hortabineed iyo jadwal cayiman oo quseeya waraabka, kaasoo salka ku haya hadba baahidda gaar ah ee dalag cayiman iyo nooca carrada ama dhoobadii aad ku abuurtey dhirta. tanina waxey kaa caawinaysaa in haddii ad ku nooshahay deegaan qabow oo dalaggu uusan u baahneyn
- waraab dheeraad ah ama deegaanka iyo cimiladu ay kulushahay oo dhirtu u baahan tahay waraab dheerad ah oo joogto ah iskuna dheellitiran.
- waxaa kaloo tixgelin siisaa hadba sanad xilliyeedka lagu jiro ee waqtigaas taagan hadba sida ay cimiladu tahay adigoo jadwal ama habraac u dejinaya 4-ta xilli ee sanadku ka koobanyahay.
- Ururi oo kydso biyo; dhiso berkaddo lagu keydiyo biyaha waxaadna samayn kartaa hababka biyo qabashadda, sida majaroor ama weelal kale, sida kanal la soo weeciyey, si ay biyuhu ugu soo duwaan berkadda.

- Isticmaal oo samee wax loo yaqaano mulching. Waa walxo dabiici ah oo badanaa dhirta salkooda lagu daadiyo adigoo ku qarinaya ciiddii ama carraddii, sida qolofta dhita (tree park) oo la burburiyey (wood chips) haraadiga alwaaxda, ama caws qalalan (dry grass). Waxaa kaloo la isticmaali karaa quruurux nadiif ah (gravel) iyo caleenta dhirta ka daadata (leaves). Walxahaan waxey kaa caawinayaan in biyihii ama waraabkii uusan si dhaqso leh u engagin.
- Waxey kaloo mulching kaa caawineysaa dhimista inta jeer ee aad waraabin lahayd dhirta.
- Kor u qaad oo hagaaji habka biyo liqidda dhulka ama sariirta wax ku beernyihiin oo xaqiiji in aqaldooggu leeyahay biyo-mareenno (water drainage), habkaan oo ah n in aysan biyuhu fariisanayan dhirta salkooda. Tani waxey sababii kartaa in xididdadU qudhmaan.
- Waxaad ku abuurtaa dhirta carratuur korkiis ama sariir sare (high planting beds).
- Dooro dhirta biyaha u fiican ee ku habboon deegaankaaga iyo cimiladaada iyo waliba arrinta ugu muhiimsan ee ah dhowaanshaha ilo biyood.
- Waxaad kalo dooraataa dhirta u adkeysan karta biyo yaraanta iyo abbaaraha.
- Si joogto ah u la soco waraabka biyaha (irrigation system) adigoo xaqiijinaya in aysan wax biyo qasaaro ah ku socon meel aan loogu tala gelin (leaks and ineficency).
- Tijaabi oo la soco waraabka si looga hor tago waxii cillad ah ee ku yimaada habka waraabka.
- Markaad hirgeliso hab-dhaqankaan maareynta biyaha iyo waraabka (irrigation system and water management) waxaad gacan weyn ka geysan kartaa ilaalinta biyaha, kor u qaadidda koritaanka dhirta, iyo caafimaadka guud ee deeganka.

4.1.12: Fayadhowrka Aqaldooga

4.1.13: Hawo-mareennada iyo jawiga gudaha (natural ventilation)

- Hawo-qaadashada saqafka sare ayay hawadu ka baxdaa, taas oo sahlaysa in hawadu fiicnaato oo noqoto fresh.
- Hawo-qaadasho geesaha aqaldoogga: tani waxay sahlaysaa in ay u oggolaato in hawadu ka timaaddo xagga hoose ee dhinacyada aqaldoogga. Waxaa la feydaa ama kor loo qaadaa qeybka mid ah bacda si loo banneeyo xagga hoose oo ay neecawdu ka gasho.
- Louvered panels (hab xirid iyo furid): habkaan wuxuu xoojinayaa oo xaqiijiyaa in la maareeyo hadba inta hawo ah ee loo baahanyahay ama ileyska.
- Mechanical ventilation (haw-qaadasho mashiin ku shaqeysa)
- Circulation fans (marwaxadaha hawada): Qaabkaan waa marwaxado lagu rakibo dhinacyada aqaldoogga, si ay u saaraan naqaska hawada, isla markaasna u soo xareeyaan hawo cusub oo nadiif ah.

Waa marwaxado ka caawiya in si siman hawada ama naqaska loogu qeybiyo dhammaan aqaldoogga oo dhan. Waxay kaloo ka cawisaa ka hortagga ama qaboojinta meelaha aadka u kulul iyo hubinta heerkulka guud ee aqaldoogga.

4.1.14: Maaraynta heerkulka

Xakamaynta iyo maareynta heerkulka iyo hawo qaadashadu waxey ka caawisaa ilaalinta heer kulka ugu wanaagsan ee koritaanka dhirta, caadi ahaan inta u dhaxeysa 70-85 F (21-29) maalintii iyo 55-65 F (13-18) habeenkii.

Nidaamyada otomaatigga ah waxey sahlaan oo hagaajiyaan hawo-mareennadda marwaxadda, iyaddoo lagu salaynayo dareemayaasha heerkulka (tempreture sensors).

- **Maaraynta qoyaanka/dharabka**

Hawo qaadista saxda ah waxey yareynaysaa huurka xad-dhaafka ah, taas oo keeni karta caaryada iyo suyuca.

Huurbixiyayaal (dehumidifiers) waa muhiim in lagu daro hababka hawo-qaadista si loo ilaaliyo heerarka qoyaanka keeni kara ama sababaya. Heerarka qoyaanka dhexdhexaadka ah ayaa la door bidaa waayo qoyaan sare (high humidity) wuxuu kor u qaadi karaa caaryada, halka qoyaanka hooseeya (low humidity) uu culeys iyo dhibaato u keenayo habacsanaanna saarayo dhirta ama dalagga.

- **Tayada hawada (air quality)**

Hawo nadiif ah ayaa lagamamaarmaan u ah in la siiyo naqaska si ay u soo jiidato ileyska cadceedda (photosynthesis) u hesho. Hawo-qaadashada ama hawo baddalka aqaldoogga waxey ka caawisaa in ay ka saarto naqaska kaarboonka (ethlyne) oo ah naqas dhirta ka yimaada (plant hormone) oo hadduu si xawlli ah u kululaado uu dab ka dhalan karo.

- **Waxtarka tamarta**

Nidaamyada otomaatiga ah ayaa loo qorsheyn karaa in ay ku shaqeeyaan kaliya marka loo baahdo, taasoo yareyneysa isticmaalka tamarka. Hawo-qaadis si habboon loo qaabeeyey waxey yareyn kartaa baahida diirinta ama qaboojinta dheeraadka ah.

Marka la isku daro hababka hawo-mareennadda dabiiciga ah iyo farsamada, waxad abuuri kartaa jawi koraya oo u wanaagsan dalaga lagu beerey Aqaldoogga iyo caafimaadka guud ee dalagga.

5.1 MEESHA IYO AAGGA KU HABBOON AQALDOOGGA (SITE SELECTION)

Meesha ama halka laga doonayo in laga dhiso aqaldoogga waa in uu buuxisaa dhowr shuruudood, waxaana ka mid ah in dhulku fidsanyahay oo aan la hayn togag. Dhulku waa in uusan buuralay ahayn, taa oo adkeyn karta dhismaha iyo maareynta waraabka biyaha. Dhulka sare ama godan wuxuu yeelan karaa heerkul ama cimilo qabow ama kuleyl ah, marka ayadoo la tixgelinayo baahiyaha dhirta kala duwan ee aaggaas ama meeshaas laga dhisey Aqaldooggu ay hadh iska tahay had iyo jeeraale, dhulka sarena waxaa suurowda in uu qabow iyo dabeylo leeyahay, tan oo wax yeeli karta dhismaha Aqaldoogga. Waxaa suurowda in aanay qorraxdu si fiican u soo gaarin oo hadh iyo hoos iska tahay had iyo jeeraale.

Doorashadda meel ku habboon aqalka dhirta lagu koriyo waxay ku xirantahay dhowr arrimood oo ay ku jiraan cimilada, tayada ciidda, helitaanka biyaha, iyo iftiinka qorraxda.

Qaar ka mid habraacyada muhiimka ah.

5.1.1: Heerkulka Ileyska cadceedda

Meel heerkul dhexdhexaad ah ayaa ku habboon kana fogow meelaha kuleylka iyo qabowgu aad u daranyahay, sababtoo ah waxey kordhin karaan kuleylka iyo qabowga aqaldoogga gudihiisa ah.

In ileysku soo gaaro Aqaldoogga waa lagamamaarmaan waxaana habboon in la doorto meel ay soo gaarto qorrax fara badan, taasoo dhammaan wada dabooleysa Aqaldoogga min cirif ilaa cirif ama waqooyi ilaa koonfur. Ugu yaraan waa in ay jirtaa 6-8 saacadood oo qorrax ah maalintii oo si toos ah u abbaareysa Aqaldoogga.

Ka fogee Aqaldoogga meelaha hoosku ku badanyahay ee geedaha, dhirta ama dhismayaasha u dhow. Tani waxey xaddidi kartaa waxtarka aqalka Aqaldoogga.

5.1.2: Tayada ciidda (soil quality)

Dalagyada lagu beerayo aqalka Aqaldoogga ayaa u baahan carro tayo leh oo nafaqeysan, kana madax bannaan waxyeelo baabi 'in karta ama fashil u keeni karta waxsoosaarkii la hiigsanayey. Sidaas daraaddeed, waa muhiim mowduuca ku saabsan nooca carrada la isticmaalayo hadduu mashruucu ama qasadku yahay horticulture farming balse uusan ahayn hydraponic ama Aquaponic farming, kuwaas oo aan horey uga soo hadalney. Waxan ka soo hadalney in ay labadaan hab beereed uu dalaggu ku baxo biyo nafaqeysan balse marka la isticmaalayo carradu waa ay ka gedisan tahay arrintu waxaadna u baahan tahay in aad tixgelin dheeraada Siisid mawduucaan.

Si ay u hirgasho waxsoosaar la hubo tayadiisa iyo waliba tiradiisa ayaa waxa laga maarman ah in carradu Leedahay nuxur iyo nafaqo u gaara, carraddaas oo leh biyo liqid (drainage) oo aysan biyuhu dul fariisan doonin balse ku dhex miirmaya isla markaasna waraabinaya xididdada hoose iyo meesha u dambaysa ee geedka xididdiisu gaaraan.

Waxaa kaloo la isticmaali karaa si loo farsameeyo carro nafaqeysan waxaad samayn kartaan compost oo ah isku-milan walxo kala duwan oo ka kooban haraadiga raashinka, digadda xoolaha, sida lo'da, geela iyo xitaa fardaha iyo riyahaba. Waxaa kaloo la isticmaali karaa digada digaagga, ukunta qolofteeda, iyo haraadiga khudaarta aya ala isku huuriyaa ayadoo lagu keydinayo meel gaar ah oo darbi shamiito ah ama alwaax ah ku wareegsan. Inta badan waxaa muhiim ah in dusha xitaa laga daboolo si huurku ug u sii bato oo walxahaasi isku baddalaan carro nafaqaysan oo loo isticmaali karo beeraha. Waxaa kaloo suuqyada addunka ah ka soo iibsan kartaa carro (farming soil) la soo diyaariyey oo jawaano ku jirta. Tusaale kale haddii aan ku siiyo, waxaa carro nadiif ah oo wanaagsan ka heli kartaa dhinacyada wabiyada ama togagga dhexdooda, sidoo kale waxa ka soo daabbulan kartaa dhulalka carro-sanka ah oo ka fog magaalooyinka iyo deegaamadda, sida baliyadda.

5.1.3: Helitaanka kaabayaasha

Helitaanka waddooyinka oo si fudud ku gaari kara goobtii uu ka dhisnaa aqaldooggu waxey fududeyn kartaa in gaadiidka iyo alaabtii iyo agabkii kale ee Aqaldooggu si fudud ku gaaraan.

U dhawaanshaha khadka internetka iyo khad koronto ayaa ah tashiilaad qeyb libaax ka qaata geeddi-socodka waxsoosaarka Aqaldoogga, waxeyna wax ka tareysaa nidaamyada tamarta sida qaboojinta, kuleylinta, iftiiminta, iyo maareynta.

5.1.4: Cimilada ku habboon aqaldoogga

Heerkulka aqaldoogga waxa ku habboon in uu gudihiisu ahaado heerkul inta u dhaxaysa 18c degree ilaa 25c. Aqaldooggu xilliga ay jiraan roobabka ayadoo laga sii taxaddarey aasaaska iyo adkeysiga dabeylaha iyo roobabka. Waa in uusan noqon balbalo daadku qaado, waxaana laga baaraandagayaa meesha marka horeba laga dhisayo oo waa in aysan noqon dhul godan oo daad ku soo rogman karo ama biyo fariisad ah balse dhul taag/siman oo haddana adag aan yeelanayn dildillaac.

Aqaldooggu waa in uu iska difaaci karaa xaddi roob lagu qiyaaso 700 mm sanadkiiba. Qaladka ugu weyn ee la doonayo in laga hor tago waa ilaalinta heerkulka maalinlaha ah, waayo wuxuu dhaawacayaa dalagga yo waxsoosaarkii oo ah natiijaddii loo yagleeley aqaldoogga. Cimiladu wey is bedbedalaysaa, sidaa darteedna waxaa loo baahanyahay markuu heerkulku dhaafo 25c in aad geesaha ka feyddo ama ka laabto bacda oo u bannaysid hareeraha (side roll ventilation).

Adiga ayaa lagaaga baahanyahay dhiirrasho iyo dhabar adeyg. Waa in aad marka hore ku dhiirratid bilaabidda mashruucan ka dibna aad sameysid dhabar adeyg oo aad ka miro dhalisid lagana arko natiijo la taaban karo. Aqaldoogga waxa lagu beeri karaa dhammaan noocyada kala duwan ee khudaartu ay ka koobantahay, sida yaanyadda, barbarooniga, basbaaska, dabacaseeyaha/karooto iyo dhammaan qudaarta noocyadeeda kala duwan ee adeegga guriga. Buuggan wuxuu soo koobayaa dhowr nooc oo qudaar ah oo si fudud oo hawl yar loogu beeri karo, adigoo tacab iyodedaal fara badan uusan kaa gelin oo aad kala soo baxdid dakhkigaaga iyo cunnadaada.

5.1.5: Dayactirka iyo fayadhowrka aqaldoogga

Ilaalinta iyo joogteynta dayactirka aqalka Aqaldoogga waxay ku qotontaa dhowr tallaabo oo u baahan in la joogteeyo si loo hubiyo cimri dhererka dhismaha, si loo helo waxsoosaar caafimaad qaba iyo dalagyo tayo leh.

Nadiifi gudaha Aqaldoogga si joogto ah si aad uga hortagto caaryadda, daxalka, cayaayanka, waa in aad tirtirtaa /masaxdaa sagxadaha, darbiyada, hareeraha ashuumada, darbiyada, qalabka waraabka, kana ilaalisaa waxii qashin oo dhan ah.

waxaa kaloo muhiim ah nadiifinta dibedda ama dhinaca banaanka ah Aqaldoogga si aad u hubiso in qorraxdu si fiican uga gudubto gudaha aqalka Aqaldoogga, waxaan masaxeysaa oo tirtirtireysaa darbiyada bacda ama shabaqii kuu ahaa oo uu Aqaldooggu ka dhisnaa. Waxaad nadiifinta banaanka u isticmaali kartaa biyo iyo saabuun ka fujisa haddii ay wax ku dhegeen sida boodh/bus ama dabayl ama maaddada cagaaran ee ku dhalata ceelasha iyo barkadaha.

Aqaldoogga loogu ma talagalin in cid kasta iska dhex gasho ama booqato oo u daawasho tagto balse waxaa kaliya oo loo oggolyahay shaqsiyaadka shaqaalaha ah oo ku labbisan agabka iyo qalabkii loogu tala galay shaqada beeraha, sida kabaha iyo dharka cad cad ee aan midabka lahayn ee looga shaqeeyo shaybaarradda.

Greenhouse lagu ma isticmaali karo qalab kale oo looga soo shaqeeyey beer kale ama Greenhouse kale, sida qaaddada, manqaska, fargeetooyinka ama yaambada, waayo waxaa dhici karta in ay bakteeriya ama cudurro wataan oo markaas u gudbiyaan dalagga.

Greenhouse kasta waa in uu leeyahay qalabkiisa u gaarka ah oo aan la la wadaajineynin guri kale ama beer kale waayo wey isa saameynayaan xagga caafimaadka dalagga.

Sidaan horey uga soo hadalneyba, hawo-qaadashada aqaldoogga ayaa door weyn ka ciyaadha xakameynta heerkulka, qoyaanka (humidity), iwm.

Xakameynta heerkulku waxa uu u baahnyahay kormeer joogto ah, haddii la isticmaalayo marwaxado ama hawo-mareenno kaleba, sida feydidda (automatic side roll ventilation), si hawo uga soo gasho tii horena uga baxdo.

Hubi in ay shaqeynayaan dhammaan qalabka tamarta korontada iyo qalabka ku shaqo leh hawo-qaadashadda.

Haddii Aqaldooggu ka dhisanyahay dhul qaboobe ah, hubi heerkulka oo u qiyaas kuleylka uu u baahanyahay aqalkaadu, adigoo tixgelinaya hadba nooca dhirta kuugu abuuran oo sidaan wada ognahay waxaa kala duwan baahiyada heerkul ee dhirta.

Haddii Aqaldooggu ka dhisanyahay dhul kuleyle ah sido kale ka taxaddar oo muuji dadaal dheeraad ah waayo kuleylka saa'idka aha waxay waxyeelleyn kartaa dalaggii iyo dahmmaan waxsoosaarkii. Ku dadaal hawo-qaadid joogto ah, isla markaasna isticmaal maryaha hadhka, sida netshade ama screenhouse. Isticmaal marwaxado si aad u yareyso kuleylka iyo uumiga, maareynta cayayaanka iyo cudurrada. Si joogto ah u hubi oo ka raadi in dhirta ay ka muuqaato calaamdaha cudurrada iyo caabuqa kale ee ku dhaca.

U kormeer geed-geed adigoon midna dhaafin. Isticmaal daawooyin dabiici oo lagu la tacaalo ama looga hortaggo cudurradda iyo cayaanka (biological controll).

Haddii aad aragtid wax cayayaan ah ama cuddur haleeley qaar ka mid ah dhirta isla markiba ka saar oo ka baabi raadkiisa adigoo waliba baddala qeybta carrada uu geedkaas ku yaaley isla markaana ka buufi oo isticmaal daawoyinka dabiiciga ah adigoon wax yeelleynin dhirtii kale ee caafimaadka qabtey.

Si joogto ah u kormeer oo u baadh wixii burbur ama dil dillaac ee soo gaara dhismaha green houska, raadi haddii ay jiraan jeex jeexyo, qalab dabacsan oo dhuujin ama hagaajin u baahan, Hubi in dhismuhu xoggan yahay, tijaabi tiirarka, oo hubi in ay adag yihiin oo aysan liiq-liiqanaynin ama aysan ruxmeynin, haddii ay ruxmayaan waa in la adkeeyaa hadii kale waxey keeni kartaa in uu aqalku dumo, waxaana sababa dabeylaha iyo roobabka mahiigaanka ah, darbiyada dhinacyada ah sidoo kale hubi in ay adag yihiin.

5.1.5.1: Nidaamka waraabka

Sidaan horey uga soo waranayba waraabka waxaa habboon uguna wanaagsan habka faleebada ah ama loo yaqaan (drip irrigation) ama waraabka caadiga ee ah tuubbada gacanta ee showerka ah, kuwaas oo xaqiijinaya waraab joogto ah oo aan kala go' lahayn. Isticmaal biyo nadiif ah oo aan wasaqeysneyn (uncontaminated water).

Biyaha waa in ay ka sifeysnaadaan maaddooyin kale oo aan waxyeelo u keeneynin dhirtii iyo wax-soo saarkii isla markaasna aan la lahayn ururinta macdanta (mineral accumulation).

5.1.5.2: Ciidda iyo bacriminta

Sida ay biyuhu u yihiin shayga ugu muhiimsan, marba haddii laga hadlayo beer ayaa shayga labaad waxaa uu noqonayaa carradda ama ciidda wax lagu beerayo.

Waxaa lagamamaarmaan ah hubinta tayada ciidda oo had iyo jeer laga shaqeynayo, ayadoo wax laga baddalayo ama la baddalayo, isla markaasna la jilcinayo si qulqulka biyuhu iyo nafaqaduba isugu dheeli-tirnaadaan.

Waxaa iyana lagamamaarmaan ah in ciiddii lagu daraa oo lagu nafaqeeyaa compost si loo xoojiyo heerarka nafaqadda ku habboon PH. wax ka ogoow noocyada ciidda aad heli karto si aad u hubisid ciidda/carradda ku habboon beerta.

5.1.5.3: Hagaajinta xilliga beerashada (seasonal cleaning)

Xilliyaada beerashada iyo goosashada ayaa waxaa waajib ah in la bilaabo habraac cusub oo jadwal leh, taasoo waafaqsan xilliga wax la beerayo.

Mar kasta oo dhir cusub la beerayo ama kuwo hore la goynayo (planting and harvesting) ayaa waxaa loo baahanyahay in aagga la nadiifiyo ka hor intaan la beerin dhir cusub sidoo kalena la nadiifiyo marka la gooyo kuwii hore.

5.1.5.4: Diiwaangelin

Lahow xog faahfaahsan oo ku kaydsan faylal ama buug ama kombuyuutar, hadba sidii adigu duruuftu kuu saamaxayso, xogtaas oo ku saabsan jadwalka beeritaanka, doosashada miraha, koritaanka dhirta, iyo dhacdoodyinka cayayaanka, hubinta dhismaha Aqaldoogga, kormeerridda hababka waraabka. Macluumaadkaas oo dhan waa in aad keydisaa una dejiso diiwaan iyo habraac hufan oo joogto ah.

5.1.5.5: Amniga

Amnigu waa muhiim, meel aan amni oollinna nolol ma taallo. U samee aqaldoogga waardiye ama silig ku wareegsan oo ka ilaaliya dad iyo dugaagba.

Aqaldoog kasta waxaad u sameyn kartaa quful lagu xiro marka shaqadu dahmmaato, sidoo kale mashruuca guud u samee kaamarooyinka (CCTV) iyo dareemayaasha dhaqdhaqaaqa nalalka ku shaqeeya dhaqdhaqaaqa socodka si loo helo amni dheeraad ah. waxaa kaloo kamid tashiilaadka adkeynta amniga, alarm dhawaaqa markey sensorku dareemaan dhaqdhaqaaq ama weerar.

5.1.6: Diyaarinta dhulka

Diyaarinta ciidda ama carraddii aqalka aqaldoogga waxay ka koobantahay dhowr tallaabo, si loo hubiyo in ciiddu tahay mid bacriman, nafaqeysan isla markaasna leh biyo liqid kuna habboon koritaanka dhirta. Waxaan halkaan ku soo gudbinayaa tilmaamooyin ka mid ah maareynta ciidda/carrada. Noocyada carrada ee wax lagu beero waa ay kala duwanyihiin waa shayga labaad ee soo raaca biyaha dhirtuna u baahan tahay. Haddii aadan hubin carradii aad wax ku beeran lahayd oo aad ku fekereysid noocyo kala duwan ee carradda ama ciidda laga helayo deegaankaaga.

Adigoo tixgelinaya nooca qudaarta ama dhirta aad beeri doontid, inta uu aqaldooggagu le'egyahay, qaabka aad wax u beereysid, ha ahaado dhulka, aashuun (pots) sariiraha wax lagu beero (planting beds) ama weelal kale. Waxaad ka fekeri doontaa tayada iyo tiradda carrada aad u baahan tahay iyo halka laga heli karo,, waa inaa is-weydiisaa ciid/dhoobo noocee ah ayaa laga heli karaa deegaan kaaga

mise ku habboon tahay wax beerashadda, sidee loo sameeyaa isku darka dhoobadda iyo carrooyinka kala duwan?.

5.1.7: Doorka carrada

Doorka carradda waa nafaqeynta dhirta, sidoo kale biyo haynta, in xiddidadu helaan (oxygen) ama naqas. Dhulalku waa ay ku kala duwanyihiin ciidda hoose taasoo aynu ku dul socono, waxaa jira ciidda laga qodo dhulka howdka ah ee magaalooyinka ka baxsan, ciidda laga qodo dhulka fidsan, ciidda dhulalka xeebaha ah iyo kuwa laga qodo aagagga wabiyada iyo harooyinka.

Marka laga reebo carrooyinkaas dabiiciga ah ee dhulka laga qoddo, waxaa jira carro wax lagu beero oo la farsameeyey loona iibiyo si wadar ah, laguna cabeeyey kiishash ama jawaano, carradan la farsameeyey ayaa wax tar iyo nafaqo u leh dhirta balse u baahan qarash iyo miisaaniyadd gaar ah.

Noocyada carradda ama ciiddu waxay u qeybsantaa dhowr nooc oo kala ah carradaa sare (Top Soil) waa carradda laga heli karro 15-20 cm dhulka aan ku dul socono.

Carro (Sandy soil) waa ciid qafiif ah waxaana ka maqan maaddada (Humus) biyo celinna ma lahan oo durba wey qalalaysaa,

waxaa kaloo jira dhoobo oo ah tan ugu tayo wanaagsan (Clay soil) waa iska qoyan tahay had iyo jeer waxayna celisaa oo hakisaa biyaha iyo qoyaanka, si fududna u ma qalasho, balse adigan beeralayda ah waxaa lagaa baahanyahay in aad isku qastid saddex shay oo kala ah carro/ciid, dhoobo iyo walxaha dabiicigga ee ad sida digadda/saaldda xoolaha si ay kuugu noqoto dhoobo tayo leh oo nafaqeysan.

5.1.7.1: Nadiifi aagga beeridda

Ka saar waxii qashin ah sida cawska iskiis isaga baxey (weed removal) haraaga xididdo iyo dhagxaanta waaweyn ee ku jira ciidda hoosteeda ilaa 40cm-45cm. Tijaabi ciidda si loo go'aamiyo heerka PH iyo heerarka nafaqadda iyo waliba midabka ciidda.

Tani waxey gacan ka geysaneysaa aqoonsiga haddii loo baahdo in wax laga baddalo ciidda si kor loogu qaado caafimaadka dhirta iyo wax-soosarka dalagyada. Haddii ay ciiddu iska tahay mid wanaagsan ku xooji maaddooyin kale sida (animal waste)

Digadda xoolaha, sida lo'da, ariga, geela iyo digaagga. Waxaa kaloo ku dari kartaa walxo organic ah, sida dambaska oo uga dhigi kartaa compost, si aad sare ugu qaaddid tayadeeda.

5.1.7.2: Ka-hortagga jeermiska

Ka-hortagga iyo xakameynta cayayaanka iyo cudurradda haleela dhirta iyo dalagga ayaa muhiim u aha ilaalinta dhir iyo dalag caafimad qaba, iyo hubinta waxsoosaar tayo leh, waxaa la isticmaalaa dhowr habb oo looga hortagi karo laguna dagaalami karo.

Haddii ay ka fursan weydo isticmaalka daawooyinka lagu la tacaalo oo lagu la dagaalamo cayayaanka ku abuurma dhirta waa in ay ahaato daawo tayo leh isla markaasna la soo hubiyey wax yeelanna aan u geysanaynin deegaanka.

Marka la isticmaalayo daawadaan waa in la feejignaadaa waxyeellaada ay sababi karto haddii si khaldan loo isticmaalo ama daawo khaldan la isticmaalo, waxeyna keeni kartaa caabuq iyo saameyn aan laga soo kaban karin.

Siyaabaha looga hortaggo cudurrada waxaa kaloo ka mid ah baddalka carrada oo ku baddashid mid cusub oo caafimaad qabta waxna lagu beeri karo oo ku habboon dhirta.

Xakameynta dhaqanka ama kala wareejinta dalagyada kala duwan (crop rotation) si loo carqaladeeyo nolosha cayayaanka, taasoo micnaheedu yahay haddii aad hal dalag aqaldoog gaar ah ku abuurtid waqti cayiman, in aad ka baddashid dalaggaas oo u wareejisid aqaldoogga kale isla markaasna dalaggii kale u soo wareejisid aqalkii aad ka badshey dalaggii hore, halkaas waxaa ku carqaladoobaya cayaanka ama cuduro ku dhalan lahaa weyna baaqanaysaa waxyeelladeeda.

5.1.8: Fayadhowrka iyo xakameyn farsamaysan (mechanical controll)

Xakamaynta farsameysan waa iyadoo aqalkii aqaldoogga lagu rakibayo qalab ka hortagga cayayaanka iyo cuduraada, waxaana ka mid ah sida kuwa loogu talagalay in cayayankuba soo galin aqalka Aqaldoogga, waana shaashado ceyriya cayayaanka ama kuwo soo daba oo qabta cayayaankii (insect trap). Waa dabinno dheddheg leh oo qabsadda cayayaanka oo cayayaanka yaa doonanaya waxaana ka mid ah duqsigga cad.

Cayayaanka qaar ayaa ka dhasha oo soo raaca nadaafad xumadda shaqaalaha, qalabka lagu shaqeeyo. Deegaanka oo aan nadiif ahayn iyo arrimo kale.

Marka waa laga ma maarmaan in lagu dadaalo nadaafadda guud ee shaqaalaha, qalabka iyo deegaankaba.

Maareynta heerkulka iyo qoyaanka si loo abuuro jawi aan u wanaagsnayn cayayaanka iyo cudurradda haddii kor loo qaado jawiga ama heerkulka aqalka gGeenhouseka tusaale ahaan 100f-120f waxaa suuragal ah in cayayaanku ku dhinto oo uu u adkeysan waayo heerkulkaas. Ujeeddadda Aqaldoogga ayaaba ah in heerkulkiisu siyaado oo cayayaanku u adkeysan waayaan halkaasna ku joogsadaan.

Raac shaxdaan taasoo khuseysa heerkulka Aqaldoogga ee ka hortagga cayayaanka:

     120 F-140F Cayayaanku daqiiqadd ma noolaan karo.
     110F.115F Cayayaanku saacad ma noolaan karo.
     95F-100F Cayaanku ma faafayo.
     65F-70F Cayayaanku wuu joogsanayaa ama wuu isaga carayayaa.

5.1.9: Maareynta cayayaanka ee isku dhafan

Waa hab loo yaqaan (IPM Integrated pest management) waxayna ka kooban tahay dhowr xeeladood oo isku dhafan, kuna saabsan ka hortagga iyo la dagaallanka cayayaanka,

Waxana ka mid ah la socodka heerarka cayayaanka oo ah hadduu jiro shaki ku saabsan in uu cayayaan jiro, wa dejinta qorshayaal ficil ah, oo isku dhafan, waa isku dabaqid maareynta bayooloji, kiimiko, iyo cultural ah, sida wareejinta dalagga (Crop rotation), mechanical (farsamo) oo ah qalabka ka-hortagga cayayaanka.

Haddaba, beeralayda waxaa looga baahanyahay indho-indhayn joogto ah si dhirta looga baaro calaamadaha cayayaanka iyo cudurradda.

Isticmaal (tools) qalab gacanta lagu qaato sida weyneyso si aad si dhow ugu fiirisid dhirta caleentooda iyo jiridooda, kor ilaa hoos haddii ay cayayaan yaryari saaranyihiin.

Waxaad isticmaali karaa qalab kale oo ah (mikroskop) waa qalabka lagu shey-baaro cayayaaka iyo cudurrada laguna aqoonsaddo nooca cayayaan iyo cudur ee ku dhaca dhirta si loogu helo daawadii ama ka hortagii quseeyey cayayankaas ama cudurkaas cayiman.

Si aad uga hortagto jeermiska iyo cudurradda, cayayaanka, nadiifi ciidda had iyo jeer.

Hubi in aagga wax lagu beerayo ay leedahay qulqulka biyaha (darainage).

Sidoo kale weelasha aad dhirta ku abuureysid oo dhan sida aashuumadda (planting pots) waa in ay leeyihiin daloolo xagga hoose ah si biyihii uga baxaan ka dib marka xididdadii dhergaan ama ciiddu si fiican u qoydo. Tani waxey ka caawineysaa in biyuhu fariisan gudaha sariirtii ama aashuunkii/potkii, isla markaasna aysan sababin xidido qudhun, si kor loogu qaado qulqulka iyo darainage-ka waxaa salka hoose ee sariirta ama aashuunka/potka laga buuxiyaa quruurux ama dhagxaan yaryar waxayna wax ka tarayaan qulqulka iyo diirrimaad xagga hoose ah.

Greenhouse kasta waa in uu leeyahay qalab u gaara oo nadiif ah, laguna soo dhaqey biyo kulul iyo saabuun dabiici ah.

Waxa kaloo looga hortagaa jeermiska soo gala aqalka aqaldoogga in kabaha (gumboot) loogu tala-galay shaqadda Aqaldoogga la meyro oo biyo la sii marsiiyo intaanu lala gelin gudaha aqalka aqaldoogga.

5.1.10: Diiri oo qandaci carrada

Marka la doonayo in iniinta ama abuurka la soo bilaabo (seed nursing) si ay u koraan, hubi in heerkulka ciidda uu qabow yahay sababo la xirriira jawiga guud ee deegaanka aad ku nooshahay, siidkii ama abuurka ku diiri adigoo ku daboolaya bac ama ku xareynaya qol kulul oo aan iftiin badan lahayn una keenaya siidkii ama abuurkii diir-rimaad kuna abuuran weelal loogu talo galay (seed starting trays).

hana ka illaawin in aad seedkaas waraabiso dabcan.

5.1.10.1: Biyo-saarid

Beeritaanka kahor hubi in carradu qoyan tahay, balse aysan biyo badan lahayn, waraabi oo tijaabi in biyuhu ay fariisanayaan iyo in kale, iska ilaali in ciiddu ama carradu adkaato, adkaantana waxaa sababa haddii lagu dul socdo inta shaqadu socoto, waxaa kaloo adkeeya ayadoon muddo dheer la falin ama la waraabin oo ay qalasho, balse waa in aad gees ka istaagtaan marka la falayo ama la waraabinayo, ku wergeli oo hubi dhammaan shaqaalaha in aysan ku dul socon halkii carro-tuurka ahayd, oo hubi in la maro dariiqii loogu talo galay socodka, waxaan habboon in la isticmaalo (raised beds) sariiraha sare ee beeridda.

Waxaa kaloo ka mid habbabka wax loogu beero gudaha Aqal-doogga habka weelka ama aashuunka (planting pots) waxaa istic-maali kartaa weelal caag ah ama ka sameysan alwaax waxayna kaa caawineysaa nadaafadda guud iyo tayadda dalagga lagu beeryo, ka hortagga cayayaanka iyo cudurradda sidoo kale waxay sare u qaadeysaa dhaqaaleynta biyaha, uumi-baxaya, qoyaanka, dalaggiina wuxuu helayaa nafaqo isu dheellitiran.

Sawirka 12: *Habka weelasha dalagga lagu beero, si biyaha iyo carrada loo beekhaamiyo waxaana loogu talo galay dalagyo gaar ah.*

Sawirka 13: *Sida aan uga jeedno muuqaalkan, waa yaanyado gaartey halkii u sarreysey aqaldiogga.*

Sawirka 14: *Muuqaal muujinaya habka sariirta sare ee wax lagu beero. Waxaa ka muuqda habka waraabka ee dhibicda oo geed walba jirriddiisa ku beegan.*

Sariirta kor loo qaadey ama raised beds ee aqaldoogga ayaa kor u qaadi karta xaaladaha koritaanka iyo hagaajinta caafimaadka dhirta.

Waxaan halkaan ku soo gudbinayaa habraac wax-ku-ool ah oo ku saabsan sida loo dejiyo ama loo nashqadeeyo aagga waxbeeridaa iyo sariirta.

- Marka hore siticmaal oo adeegso xarigga cabbirka (measuring tools) ama alwaax ay ku xardhanyihiin numberradii cabbirka, si aad u jaangoysid.
- Ku salee cabbirka sariirta hadba inta dhulka aad heli karto iyo baaxadda Aqaldooggaaga.
- Ku salee hadba sida ay sariirtaasi ama carro tuurku uu ugu beeganyahay meel ay qorraxda ka soo gaari karto oo aan ku beegneyn hoos ama hadh.
- Tixgeli hadba dhirta aad ku beereysid nooca ay tahay, dhererkooda, ballacooda, inta xididadoodu gaarayaan iyo

cabbirka caleemahooda, sababtoo ah waxaa jira dhir aan ku habbooneyn sariirta sare balse ku fiican dhulka iyo carrotuurka, waxana ka mid ah kuwa aad u dheeraada. Balse ujeeddada sariirta sare ayaa ah inaanu qofku foorarsan oo uu san iska dhaawicin jirkiisa sida dhabarka iyo lugaha.

- Sariirta sare ka dhis alwaax aan rinjiyeysneyn, waayo waxaa suurowda in rinjigaasi sumeysanyahay isla markaasna uu la falgalo biyihii iyo ciidii halkaasna ka dhalato caafimaad daro saameysa dalaggii iyo deegaankiiba, hubi in alwaaxaasi u adkeysan karo qoyaanka biyaha.
- Haddii dookhaadu noqdo in aad sariirta sare ka dhistid bulikeeti ama interlock ah sidoo kale tixgeli cabbiraada, sida dhirta baaxadooda, dhererkooda iyo qotadda xiddidu gaari doonaan, haddii ay sariirtu ku gu dheeraato balse aadan u hayn carro fara badan waxaa salka hoose ee sariirta ka buuxin kartaa qoryaha xaabadda ama kartoomo, buug duug ah sidoo kale joornalo waa ku gufeyn kartaa si kor loo gusoo qaado sariirta oo la soo gaarsiiyo 40-50 cm oo ku beegan halkii ciidda rasmiga ah lagu shubi lahaa, alaabtaas waxey joojinaynaa in aysanba caws (weed) ah ama xidido hore ka soo baxaan salka oo wayna xannibayaan.
- Cabbirka sariirta ku qiyaas cibbrkaan balse ku ma qasbanid oo waxaa tixgelinaysaa daruufahaaga iyo qorshahaaga; ballaca sariirta ka dhig 3-4 feet (90-120cm)
- Dhererka sariita ama carro-tuurka dhererka waxaad ka dhiganeysaa min halka laga soo galo ilaa meesha u dambaysa ee aqalka aqaldoogga. Haddii aad jeceshahay sariirta waad kala qeyb-qeybin kartaa.

Sawirka 15: *Muqaalkaan waxuu muujinayaa dalag ku beeran carro-tuur. Waa hab dhaqameed aan horumarsanayn waraabkuna noqon karo nooc dhibicda faleebadda, rusheeye sare iyo waraab gacmeed.*

CUTUBKA
LIXAAD

AQALDOOG Greenhouse — Ciise Xaaji Xuseen Axmed

6.1 HABBRAACA DAAWOOYINKA LAGU BUUFIYO BEERAHA

Mar haddii aysan macquul ahayn in laga maarmo daawooyinka cayayaanka lagu buufiyo ee (pesticides) isla markaas muhiim tahay in la isticmaalo, Haddabba waxaa waajib ah in la raaco habb-raac oo aan marna la jabin shuruucda u yaalla isticmaal-ka daawooyinka buufinta cayayaanka, sababtoo ah daawooyinkaan waa khatar badanyihiin waxayna sababi karaan dhibaatooyin ka badan faa'iidaddii laga doonayey.

6.1.1: Badbaadadda daawooyinka greenhouse (Greenhouse pesticide safety).

- Ka soo iibso daawooyinka (pesticideska shirkaddo la aqoonsanyahay oo leh shati macruuf ah.
- Soo iibso ca dedka ama tiradda aad u baahan tahay oo lagu fulin doono hal hawl-gal oo ha keydsan bippestcids.
- Iska fiiri in caagu u uleeyahay (label) warqadda macluumaadka ee korka uga dhegan.
- Fiiri in (Batch number) lambaradda diiwaangelinta, registration number, taariiqda la farsameeyey (date of manufacturing) iyo taariiqda uu dhacayo (expire date).
- Soo iibso daawo sajal ah oo morgareynsan ama bacdeedii ah, sababtoo ah ma hubtid waxa ku jira ee lagu soo qasay caagaas.
- ku xafid suntan meel ka baxsan gurigaada deegaanka.
- daawadana ha ku gedin weel kale oo ha kala qeybin waa mamnuuc, hal mar isticmaal kaliya.
- Ha la xareyn alaab kale oo kaligeed meel ku xafid oo calaamadda digniinta (warning) ku dheji si dedka aan garaneynin ay uga fogaadaan.
- Meeshaad ku xareyneysid intaan la isticmaalin waa in aysan carruurtu gaari karin.
- Ku xafid meel aan qorrax lahayn, roobna lahayn oo nadiif ah.

6.1.2: Isticmaalka daawooyinka (pestcides)

- Haddaba, markaad soo gadatid suntaan ha ku dhex darin agab kale ee aad wadatid, nooc ay doonaan ha haadeene sida cuntadda, biyaha iwm.
- kusoo qaad daawadan weel u gaar ah sida bac lagu soo duuduubey ama kartoon afka ka kooleysan

- U keen goobtii howgalka si tactical ah oo farsameysan adigoon sii marsiineynin aqalkii reerkii iyo carruurtii ay joogeen.
- Ha ku qaadin boorsadaada dharka, midda garabka, iyo boorsooyinka dhabarka intaba oo gacataada ku qaado, waxaa laga hortagaa in ay jug intey gaarto ay daadatoo oo deegaanka iyo dedkaba wax gaarsiiso.

6.1.3: Diyaarinta xalka buufinta

Sawirka 16: *Muuqaalkan wuxuu na tusayaa buufinta cayayaanka iyo cudduradda waxaana ka baranaynaa ka taxaddar deegaanka iyo nafta. Waxaan kaloo aragnaa qalabka buufinta iyo huga ka-hortagga waxyeeladda (overoll suit).*

Markaad diyaarineysid xalka buufinta, marka hore qofka shaqaalaha ah waxaa looga baahanyahay in uu raaco (Instructions of use) habraaca isticmaalka iyo shuruudaha.

Waa in si fiican loo akhriyaa macluumaadka ku qoran (labelka, istiikarka) dusha caagga.

- Isticmaal huga ama dharka loogu talagalay buufinta, kuwaas oo kaa difaacaya waxyeelladda daawadaddan lagu la dagaalamo cayayaanka waxyeelleeya dhirta, dharkaan ama hugaan waa in ay qariyaan jidhkaaga oo dhan min tin ilaa cirib.
- xiro gacmo-gashi (hand-gloves).
- Xiro af-xidh (facemask).
- Xidho koofiyadd madaxa oo dhan qarineysa.
- Suurweelka isku deyska ah (overal trouser).
- Afka, sanka, dhegaha, indhaha waa inaa ka ilaashataa in ay kaa taabato suntan.
- Diyaarso intaad u baahan tahay oo kaliya, kuna jaango'an aag cayiman oo laga fulin lahaa buufinta.
- Ka taxaddar in ay kaa qubato ama kaa daadato daawadan intaad howshan ku jirtid, hana ku dhex wadin hawl-kale sida in aad cunno cuneyso, wax cabbeyso ama sigaar dhuuqeysid, ama xanjo-ruugeysid, tani waxey waxyeelleyn kartaa caafimaadkaaga shaqsiga.
- Ku qas suntaan ama daawadan biyo nadiif ah, oo ah haddba cadaddka loo qoondeeyey ee ku qoran (labelka) macluumaadka dusheeda ku qoran.
- Ha isticmaalin haraadiga mar kale suntaan ee aad biyo ku qastey dibna ha ugu hawl-gelin mar labaad.
- Ha ursan oo ha u dhaweyn sankaaga suntaan intaan la qasin ka hor iyo ka dib oo ka fogee jidhkaaga sankaaga, maqaarkaaga.

6.1.4: Qalabka loo isticmaalo buufinta daawada cayayaanka (anti-pesticides equipment)

- Waxaa jira qalab u gaar ah buufinta oo loogu talagalay, kuna habboon buufinta sida jerikaan dhabarka lagu qaato ama caaga buufinta. (spray bottle).

- Dooro afka tuubbada buufiyaha, (right nozzle size) numberka saxda ah ee ku habboon cadaddka la buufinayo waayo waa ay kala cabbir duwanyihiin afafka ku xiran buufiyaha.
- Kala baddal qalabka buufiya ee aad u isticmaalayso cayayaanka iyo daawada aad u isticmaalayso ujeeddo kale sida la dagaallanka cawska (weedcides).
- Ha isticmaalin qalab cilladeysan oo (leak) liig siideyn samaynaya ama beerdaro.
- Afkaaga ha ku afuufin buufiyaha ama sprey-ga haddii qashin afka ka fuulo adigoo is leh nadiifi sababtoo ah suntii ayaa kugu soo laaban karta oo wajigaada saaqi karta, waxyeelana u geysan karta caafimaadka, balse waxaa ku nadiifin kartaa catir ama calal yar oo aad hadhow gubi doontid ama meel fog ku xabaali doontid, balse gubitaankaa u fiican deegaanka.
- Markaad fulineysid buufinta isticmaal xadka loogu tala galay oo ha ka badin daawaddii dalaggii waxyeelo dheeraad ah ayay sababi kartaa.
- Fuli buufinta (spary-ga) maalin qorrax fiicani jirto oo jawi fiican jiro oo aysan jirin dabaylo, roobab iwm.
- Buufinta ka soo bilow dhinaca dabayshu ka soo socoto si aysan adiga kuugu soo laaban oo dabayshu kugu soo firdhiyin suntii.
- Ka dib buufinta nadiifi weelashii loo isticmaalay buufinta, adigoo isticmaalaya biyo iyo saabuun, weelkaasna hawl kale loo ma isticmaali karo oo aan buufin sunta ahayn.
- Goobta la buufiyey ama beerta la ma soo geli karo wax yar ka dib buufinta, dhammaan shaqaalaha beerta buufinayaana waa in ay ka baxaan goobta buufintu ka dhacdey.
- Ka dib buufinta, haraagii sunta ha ku daadin, aagagga ilaha biyaha (water supply areas) sida ceelasha, berkaddaha, wabiyadda, harooyinka iwm.

- Caagagga faaruqa ah ee laga isticmaalay daawada buufinta cayayaanka loo ma isticmaali karo ujeeddo kale sida in lagu shubto biyo la cabbo, taas baddalkeeda waa ba in laga taqalusaa caagaddan yar ee sumeysan, adigoo burburinaya, gubaya oo ku aasaya meel calaamadaysan oo la ogyahay, inta lagu wareejinayo hay'addihii qaabil sanaa aruurinta walxaha qatarta u leh noolaha iyo deegaankaba. ayagoo u maareynaya si xirfadeysan oo badbaado leh.
- Howsha ka dib nadiifi jirkaaga , gacmahaada, isticmaal biyo nadiif ah iyo saabuun intaadan bilaabin in aad cunto ama biyo cabto, sidoo kale dhaq ama mayr dharkii iyo hugii, gacmo gashigii aad xidhneyd intii ad ku jirtey hawsha buufinta cayayaanka waxyeelleeya dalagga beeraha.
- Haddii uu dhaawac soo gaaro shaqsiga buufinaya daawadan oo ay ka haleesho qeybo ka mid ah jidhkiisa ama ay sumeyso, waa in sida ugu dhaqsiiyaha badan loo geeya goob caafimaad oo la tusaa hawl-wadeen caafimaad ama dhaqtar ayadoo la wado magacii noocii daawaddi la isticmaalayey, ama sawir-keedii, si loo hubiyo waxyeelladeeda oo looga hortaggo.

6.1.5: Talooyin dheeraad ah ee la-dagaallanka cayayaanka iyo cudurradda

Waxaa jira habraacyo kale oo ku saabsan la dagaallanka cayayaanka iyo cuduraada.

Midda ugu muhiimsan waa kala wareejinta dhirta (crop rotation) oo dhirtii xilliba meel kale ama Greenhouse kale lagu beerayo oo dalagga la wareejinayo. waana hab looga hortago faafidda cudurradda iyo cayayaanka.

Qodobka kale e muhuiimka ah waxaa weeye in aad beerto dhirta dhigaha tafta ee raacda xargaha sida yaanyada ama qajaarka.

Gurashada miraha waqtigey bislaadaan adigoon ka hor dhacaynin oo mirihii oo ceyriina la soo goyneynin waxaa ka dhasha caabuq iyo geedkii oo aad carqaladeysey.

Ka hor tagga cayayaanka hab dabiici ah oo aadan isticmaalaynin wax daawo ah oo warshadeysan, waxaan jira maaddooyin aad ka heli karto gurigaadda oo aad ku buufin kartid dhirta kulana dagaali kartid dhibaatooyinka iyo kor u qaadidda cafimaadka guud ee dhirta.

- Waxaa soo qaadnaysaa maaddada la yiraahdo bicorbonate soda; waa buddo cad oo sida burka oo kale ah qiyaastii 15gr ku qas 30 litir oo biyo ah kuna buufi dhirtii.
- Waxaa soo qaadnaysaa biyaha bariiska ka dhasha marka la kariyo oo la soo miirey waxaana ku shubanaysaa weelkaadii buufinta ama si toosa ugu rushee dhirtii.
- Waxaa soo qaadanaysaa rubuc cusbo shiidan ah kuna qas biyaha loo yaqaan (cider vinagar) ku shubo caaggadii buufunta oo ku buufi dhirtii waxay ka hor tagaysaa cudurradda.
- Soo qaado oo soo hel saabuunta loo yaqaano (castle soap) nooca dareera ah, hal qaaddada jikadda ah ku qas 1 litir oo biyo ah kuna buufi caleemaha dhinaca hoose waxay dileysaa qaar badan oo cayayaanka ka mid ah.
- Soo qaado saliidda la yiraahdo Neem Oil, biyo, dhowr dhibcood oo ah saabuuntii dareeraha ahayd nooc organic ah, isku qas kuna buufi caleemaha hoostooda, halkaas oo ay cayayaanku ku dhuuntaan, waxaana lagu dilaa duqsiga cad, injirta dhirta ee ku dhegdhegta caleemaha hoostooda.
- Soo qaado carling ama toon, dhowr xabo soo tun ama soo shiid, waxaa la dhigeysaa dhowr litir oo biyo ah, dhowr saacadood, markey isku dhex milmaan toontii iyo biyihii, waa soo kala miireysaa waxaa ku shubanaysaa caagaadii buufinta, ku buufi cayayaanka, waxayna dileysaa kuwa jilicsan sida dhiqlaha/boodada dhirta iyo injirta beeraha.
- Soo qaado (hot pepper spray), basbaas ama nooca loo yaqaano cayenne ama basbaas qaji ee gadgaduudan ee yaryar soo shiido oo budo ka soo dhigo, kuna qas dhowr litiri oo

biyo ah. Dabadeedna la dhig dhowr saacadood, kala miir oo biyihii oo saafi ah ku shubo caagii buufinta kuna buufi caleemaha korkooda iyo hoostoodaba, cayayaan dambe u soo dhawaan mayo.

- ku abuur beerta meelo ka mid ah dhirta ay cayayaanku ka cararaan oo ka diddaan sida ubaxa loo yaqaano (french marigold).
- Ku abuur (Basil) waa dhir daaweed laga helo caafimaad fara badan sidoo kalena hadaad ku abuurto hareeraha Aqaldoogga, waxaa ka qaxaya wax alaala wixii cayayaan ahaa, una soo dhawaan mayaan
- Waxaa ugu muhiimsan ka-hortagga cayayaanka, cudurradda iyo caaryadda iyadoo waraabin joogto ah, hawo qaadidi joogto ah, kala baddalka dhirta oo joogto ah.
- Xasuusnow ka-hortaggu waa furaha joogteynta tabac caafimaad leh iyo deegaan dhowrsoon.
- Kormeerid joogto ah waxaad ku soo saari kartaa dalag tayo leh.

6.1.6: Xannaanada abuurka - biqlinta abuurka (seed tray)

Bilowga miraha iyo xannaanaynta abuurka waa howsha ugu horreysa ee aad soo bilaabeyso, kuna soo kobcineyso abuurkii, markuu caleemo yeesho loo soo gudbiyo aaggii beeridda, haddey ahaan lahayd carro tuur. sariir sare ama weelasha aashuunka ah.

Seed starting ama bilowga abuurka waxaa loo isticmaalaa Aqaldoogga, si loo hubiyo in uu baxayo abuur bilow ah oo guulaysta.

Waxaan cutubkaan ku soo gudbinayaa hab-raaca bilowga abuurka iyo xannaanada.

- Marka hore dooro abuur ama seed, dooro nooca iyo tayada ugu wanaagsan ee suuqa laga heli karo kuna habboon cimilladda deegaankaaga, sababtoo ah waxaa jira seed ama abuur

aan ku habbooneyn cimilladda kulul ee geeska afrika ama deegaankaaga.
- Waxaa hubisaa seed ama abuur xilliyeed, waxayna ku kala duwanyihiin xilliyada qabowga iyo kuleylaha.
- Tix geli oo dooro nooca dhirta aad abuureyso hadday ahaan lahayd ubaxyo, dhirta-daawo, ama khudaar adigoo eegaya baahiyahaaga gaarka ah.
- Diyaarinta iyo abuuridda seedka ama abbuurka ku bilow weel godan oo ballaaran sida baaf ama aashuun ballaaran, carro-tuur cabbirkiisu yahay 1mzq ah ama ka badan.
- Waxaa kaloo isticmaali kartaa qalabka loogu tala galay bilowga abuurka sida (seed try) waa caagag loogu tala galay abuurka in lagu bilaabo kuwaasoo leh godod loogu soo qiyaasey in lagu shubo carradii isku dhafka ahayd iyo xabbadii/mirtii seedka/abuurka ahayd.
- Isku dar (peat moss) waa maaddo ka kooban dhir la shiidey ama isticmaal carradii isku dhafka ahayd kuwasoo dhammaan ku habboon bilowga abuurka (seed starting process).
- Waxaa kaloo isticmaali kartaa carradii (loamy) adigoo u badinaya qoyaanka isla markaana u badinaya diirrimaadka kuna dedaya bacda lagu daboolo abuurka si ay u helaan diirrimaad uganna nabad galaan cayayaan si dhaqso ahna u soo baxaan.

6.1.7: Habraacyo dheeraad ah ee bilowga abuurka (biqlinta abuurka)

- Soo diyaarso qalabkii aad ku bilaabi lahayd seedka sida seed try, qaadoyinkii. sariirta sare ee abuuridda. aashuumo, bacyo yar yar oo carro lagu shubayo ee seedka loogu talagalay bilowgiisa iyo dhammaan waxii qalab ah (ha illaawin gacmo-gashi/gloves).
- Soo diyaarso carraddii iyo nafaqaddii iyo dhoobaddii isku dhafka ahayd.

- Carraddii isku dhafka ahayd markaad diyaarisid ama weel ha kuu jiraan ama dhulkaba ha ahaato.
- Carradii waxaa ku rusheynaysaa biyo yar oo khafiif ah adigoon ka badanineynin.
- Waxaa u samaynaysaa godod yar-yar oo line-line ah oo aad ku cabbirtey musmaal afkiisa 5-7 mm, min dacal ilaa dacal adigoon ka tagaynin meel banaan.
- Seedka ama abuurka qaar ayaa dhusha uun looga firdhiyaa carraddi, qaarna waa in la aasaa oo laga geliyaa ilaa dhowr mm (ka aqri baakadda abuurku ku jiro habka loo abuurayo).
- Abuurka kuwa u baahan in la duugo ayaad u gelinaysaa gododkii mid-mid, hana kala fogeyn gododkaas yar-yar, adigoo raacaya tixraaxii ku qornaa baakaddkii abuurku ku jirey, waxaa samayn kartaa adigoobna godod samayn, abuuraka ku firdhi weelka korkiisa dabadeedna carro yar ka dul mari (dhowr mm) aan sidaa u badneyn, dusha ka salaax oo sin oo label-garee.
- Ka dib markaad abuurkii ku hubsatid gododkii waxaa dusha uga dabooleysaa xoogaa carro ama dhoobo ah.
- Ha ku wada darin ciidi abuurkii oo indhaha ka qari oo kaliya, waxaa la doonayaa in ay si dhaqso ah u soo baxaane oo dusha uun kaga firdhi carradii laakiin waxaa la diiddanya-hay in la aaso abuurkii.
- Dhig oo gee ama ku samee bilowga abuurka meel kulul oo diirran ama hadday tahay meel furan ku dad bacda loogu talagay diirinta abuurka iyo dhirta yar yar ee la bilaabayo, si ay uga helaan diirrimaad.
- Biyo ku qoo oo rushee si fudud adigoon ka badineynin si joogto ah.
- Marka abuurkii xoogaa caleemaa yeesho, ka rar aagga (Seed Germination Area), bilowga abuurka oo u wareeji meel ka waasacsan ama weel ka weyn kii ay ku abuurnaayeen.

- Tusaale ahaan haddii 10 mir ku abuurneyd hal aashuun waxaa u kala qeybineysaa 10 aashuun oo halkii geed waxaa ku abuureysaa hal aashuun si uu helo waasac uu ku baxo kuna kobco.
- Waxaa laga maarmaan ah in aad bilowgaba calaamayso oo mid walba ku qorto nooca uu yahay tusaale ahaan, Yaanyo, Basbaas, si loo kala garto intey curdanka ama yar yihiin loogana feejignaado in la isku qaso dhirtii iwm.
- Taariiqee oo ku qor (date of birth) labelka (name of seed) magaca abuurka, si loo la socdo waqtiga uu qaadanayo (germination process) iyo waqtiga la rajaynayo in uu soo baxo abuurku loona sii qorsheeyo Greenhouskii lagu beeri lahaa.
- Tix-geli waqtiga bilowga abuurka cayiman ee loo qoondeeyey in uu miro dhalo, abuurkasta wuxuu leeyahay waqtiyo loogu talo-galay, ayadoo lagu salaynayo deegaamadda cimilaadadoodu is bed-bedesho oo leh xilli qaboobe ah iyo xilli kuleyle ahba.
- Tix-geli oo ka feker nooca abuurka ee ku habboon cimmiladda deegaankaaga ee aad ka fulineyso mashruucaan Greenhouse farming.

6.1.8: Habka abuuridda dalagga

Mowduucaan waxaan ku soo koobayaa, habraaca kooban oo ku saabsan sidii loo fulin lahaa abuurista dhirta ka dib markii aad ka soo gudubtid diyaarinta dhismaha, biyo galinta, xannaanayntii ama soo bilowgii seedka abuurkii (seed Germination).

1. U diyaar garowga abuuridda

    Dooro dhirtii aad abuuri lahayd ee aad soo go'aansatey in aad abuurtid adigoo tixgelinaya cabbirka ama space aad haysato., tixgelinayana in dalaggaadu ku habboon yahay cimilada iyo xilliga (season) aad filanayso gurashadda miraha.

    Diyaari carradda
    1. Hubi in carradii furfurn tahay oo soo fashay.

2. Hubi in aad nafaqeyso oo ku dhaftey kuna qastey Compost iyo maaddooyinka dabiiciga ah ee carradda nafaqeeya. (Organic M.
3. aterials) si kor loogu qaado tayadeeda.
4. Ku soo rakib tuubbooyinkii waraabka ee dhibcaha faleebbada (Drip-Irrigation). ishii biyaha (main water source) hadduu ceel ahaa ama berkadd.
5. Dhig tuubbooyinka min dacal ilaa dacal ama dhammaan aagga wax lagu beerayo.
6. Ku abuur dhirtii oo xoogaa soo kobocdey dhowr caleenna leh.
7. Si taxaddar leh oo khafiif ah u qabo dhirta dhalaanka ah oo.
8. Ku abuur go dedkii abuuridda si nidaamsan oo line-line ah, adigoo ku abuuraya barta ay tuubbadu ku leedahay daloolkii faleebbada ahaa ee biyihu ka dhibcayeen.
9. Ka dib markaad abuurtid u fur oo u fasax barnaamijkii biyaha, hadduu ahaa (automatic dripp irrigation) hadduu manual ahaanna u soo fur, oo hubi in ay dhirtu biyo fiican heleen ka dib markaad abuurtid.
10. Kormeer iyo kor-joogteynta waxaa ka mid ah la socodka waraabka, nafaqeynta iyo bacriminta dabiiciga ah, iyo la dagaallanka cayayaanka iyo cudurradda.
11. Markey xoogaa soo kobcaan dhirtu qaabee oo toosi kii liica ama gees-gees u baxa.
12. Samee laamo-goyn (brunning) markuu 1 mitir gaaro geedku adigoo ka jaraya laamaha carqaladeynaya kobcidda, siiba kuwa hoose ee isku dul baxa.
13. Qorshe ka yeelo ka-hortag iyo la-dagaallanka cayayaanka iyo cudurradda ku soo du u la dhirta.

14. Hawo-qaad (Air Ventilation), ka taxaddar heer kulka oo ka fur geesaha qaab duubidda bacda ee dhinacayadda ama u daar (Automatic Side Roll).

Ka maaran daawooyinka intaad ka maarmi kartid oo isticmaal hababka dabiiciga ah.

- Baaritaan samee had iyo jeer (be informed) si aad u la socotid suuqa iyo dalagga waqtigaas suuq fiican hasyta macaash degdeg ahna laga helayo.
- Kasbo oo raadi macaamiil (customers) samee xiriiro oo ku dadaal kordhinta iibka iyo dakhliga.
- Aqoon kororso oo waxbarasho bilow, ka qeyb-gal seminaaradda quseeya mashruucaada (workshops and seminars) si aad aqoon uga kororsado fikraddana ka heshid iyo faa'iidooyin kale.
- La tasho khubaradda iyo dedka waayo aragga u ah mashruuca beeraha iyo waxsoosaarkooda,
- Kor-joogtee oo isku miisaan qarashka mashruucu u baahanyahay iyo dakhli joogto ah oo leh qul-qul maaliyadeed.
- Caymis gali hantidaada si aad uga badbaaddo waxyeellooyinka dabiiciga ah.
- U diyaar-gorow afooyinka iyo waxyeellooyinka ku imaan kara qalabka how-galka.
- Raadso taageero, kabbid (support) oo la xidhiidh dawladdaha, ururadda, iskaashatooyinka beeralayda, hay'addaha caalamiga ah iyo kuwa maxaligga ahba.

AQALDOOG Greenhouse   **Ciise Xaaji Xuseen Axmed**

TIXRAAC

Waayo-aragnimada qoraaga oo muddo dheer ka soo shaqeeyey Aqaldooga/Greenhouse isla markaasta dhex galay cilmibaaris iyo waxbarasho qoto dheer ee mashruucaan khuseysa.

www.ingramcontent.com/pod-product-compliance
Lightning Source LLC
Chambersburg PA
CBHW052105070526
44584CB00017B/2340